RabenWerkstatt
Mathe-Lexikon
für die Grundschule

Erarbeitet von
Gustav Adolf Lörcher

Ernst Klett Verlag
Stuttgart · Leipzig

Umgang mit dem Lexikon

In diesem Lexikon kannst du nachschlagen, wenn du wissen willst:

- Was du in Mathematik in den 4 Schuljahren in der Grundschule lernst
  Siehe: Inhalte in Klasse 1–4, S. 8
- Was du über Zahlen und im Rechnen lernst
  Siehe Kapitel: Zahlen und Rechnen, S. 14
- Welche Größen vorkommen und was für Sachaufgaben
  Siehe Kapitel: Größen und Sachrechnen, S. 81
- Was du in Geometrie lernst
  Siehe Kapitel: Figuren und Zeichnen, S. 110
- Was dir beim Lösen von Aufgaben helfen kann
  Siehe Kapitel: Lösungshilfen, S. 137

Am Ende findest du einen Teil zum Nachschlagen, der nach dem ABC geordnet ist:

- für Übungen
  Hier stehen kurze Erklärungen für alle Übungsformen, die du z. B. im Schulbuch „Nussknacker", aber auch in vielen anderen Schulbüchern findest.
- für Material
  Vieles davon ist dem „Nussknacker" beigelegt.
- für Werkzeuge
  Hier siehst du, was du bis zum Ende der Grundschulzeit laufend im Mathematikunterricht brauchst und immer dabei haben solltest.

Auf den letzten Seiten ist ein Stichwortverzeichnis. Hier findest du, auf welcher Seite das steht, was du suchst.

Der Rabe Trax gibt dir immer wieder Ratschläge.

Inhalte in Klasse 1–4

	ab Klasse 1	ab Klasse 2
Zahlen und Rechnen		
Zahlen		
Zahlenraum ab S. 14	bis 20	bis 100
Zahlen darstellen ab S. 20	Ziffern, Zahlwörter, Ordnungszahlen	Zahlenstrahl, Stellenwerttafel, Einer, Zehner
Tätigkeiten ab S. 28	zählen, vergleichen <, >, =, zerlegen, ergänzen	
Rechnen		
plus und minus ab S. 33	Einführung: +, – Tauschaufgabe, Umkehraufgabe, Probe, 1 + 1	Zahlenfolgen
mal und geteilt durch ab S. 51		Einführung: ·, : Tauschaufgabe, Umkehraufgabe, Probe, 1 · 1, gerade / ungerade Zahlen, Teilen mit Rest
Tätigkeiten ab S. 75	probieren, kontrollieren	vorteilhaft rechnen, experimentieren

ab Klasse 3	ab Klasse 4
bis 1 000	bis 1 000 000
Hunderter	Tausender, Millionen, römische Zahlzeichen
runden ≈	
halbschriftlich, schriftlich mit Übertrag, mit Kommazahlen, Quersumme	
halbschriftlich, Vielfache, Teiler	schriftlich, mit Rest, mit Kommazahlen, Punkt vor Strich, Teilbarkeitsregeln
überschlagen, schätzen, spielen	Taschenrechner nutzen

	ab Klasse 1	ab Klasse 2
Größen und Sachrechnen		
Größen		
Geld ab S. 81	€, Cent	ct, Angaben mit 2 Einheiten
Zeit ab S. 85	Kalender: Tag, Woche, Monat, Wochentage	Monatsnamen, Jahr, Uhr, Stunde (h), Minute (min), $\frac{1}{2}$, $\frac{1}{4}$, $\frac{3}{4}$, Zeitpunkt und Zeitdauer
Längen ab S. 91		vergleichen, schätzen, messen, Meter (m), Zentimeter (cm)
Gewichte ab S. 96		
Rauminhalte ab S. 99		
Sachrechnen		
Sachaufgaben ab S. 101	Rechengeschichten	fragen – rechnen – antworten, Lösungswege finden
Diagramme, Tabellen, Skizzen ab S. 107	Strichliste	Tabellen, Skizzen

ab Klasse 3	ab Klasse 4
Kommaschreibweise (€, ct), Stellenwerttafel	
Sekunde (s), Zeitrechnung	Fahrpläne
Kilometer (km), Millimeter (mm), Kommaschreibweise (m, cm)	Kommaschreibweise (km, m), $\frac{1}{2}$, $\frac{1}{4}$, Stellenwerttafel, Maßstab
vergleichen, schätzen, messen, Gramm (g), Kilogramm (kg), Tonne (t)	Kommaschreibweise (kg, g) und (t, kg), $\frac{1}{2}$, $\frac{1}{4}$, Stellenwerttafel
vergleichen, schätzen, messen, Liter (l), Milliliter (ml), $\frac{1}{2}$, $\frac{1}{4}$, $\frac{3}{4}$	Kommaschreibweise (l, ml), Stellenwerttafel
mehrschrittige Aufgaben, Informationen vergleichen und darstellen	Schlussrechnung, Lösungsstrategien entwickeln, überschlagen, Projekte
Blockbilder	Streifendiagramm

	ab Klasse 1	ab Klasse 2
Figuren und Zeichnen		
Geometrie in der Ebene		
Lagebeziehungen ab S. 110	links, rechts, oben, unten	
Formen und Figuren ab S. 112	Rechteck, Quadrat, Dreieck, Kreis	
Eigenschaften von Figuren ab S. 118		Symmetrie
Tätigkeiten ab S. 124	zeichnen, legen	Figuren auslegen, Längen messen, falten, schneiden
Geometrie im Raum		
Körper ab S. 127	Würfel	Kugel, Quader, Zylinder
Eigenschaften von Körpern ab S. 130		Sicht von verschiedenen Seiten, Baupläne
Tätigkeiten ab S. 134	bauen	zeichnen

ab Klasse 3	ab Klasse 4
Richtungspfeile im Gitternetz	Stadtpläne
Gerade	Kreis zeichnen
parallel, senkrecht, Abstand	Achsen-, Drehsymmetrie, Fläche, Umfang
zeichnen mit Geodreieck, vergrößern, verkleinern	zeichnen mit Zirkel, Flächen ausmessen, Maßstab
Pyramide, Kegel	
Netze, Ecken, Kanten, Flächen	
basteln	Schrägbilder zeichnen

Zahlen und Rechnen

Zahlen

Zahlen brauchst du

- zum Abzählen (Anzahl),
  Wie viele sind es?
- zum Nummerieren (Ordnungszahlen),
  Der Wievielte ist es?
- zum Bezahlen (Preise),
  Wie viel kostet es?
- zum Messen (Maßzahlen),
  Wie groß ist sie? Wie schwer ist er?
- zum Rechnen,
  Was ist 2 mal 3?
- z. B. zum Telefonieren (Nummern).
  Ich muss 113 anrufen.

Zahlenraum

Die Zahlen hören nie auf. Du kannst immer noch um eins weiterzählen.

0, 1, 2, 3, ... 28, 29, ... 77, 78, ... 99, 100, 101, ...

Die **Ziffern** sind die Bausteine der Zahlen. Mit den 10 Ziffern kannst du alle Zahlen schreiben.

0 1 2 3 4 5 6 7 8 9

Diese Zahlen können die Leute auf der ganzen Welt in allen möglichen Sprachen lesen.
So schreibst du die Ziffern:

Zum Ordnen brauchst du die **Ordnungszahlen.**
Du schreibst sie mit einem Punkt hinter der Zahl.
Du sprichst sie, indem du bei den Zahlen von 2 bis 19 „te“ an das Zahlwort anhängst und ab 20 „ste“.

1.	2.	3.	4.	5.
der erste,	der zweite,	der dritte,	der vierte,	der fünfte, ...

19.	20.	21.
der neunzehnte,	der zwanzigste,	der einundzwanzigste, ...

Zahlen bis 10

Damit du Zahlen lesen, sprechen und damit auch zählen kannst, musst du die **Zahlwörter** für die einstelligen Zahlen und ihre Reihenfolge kennen.

0	1	2	3	4	5	6	7	8	9
null,	eins,	zwei,	drei,	vier,	fünf,	sechs,	sieben,	acht,	neun

Außerdem brauchst du noch das Zahlwort „zehn“.

10 = zehn

Zahlen bis 20

Bei den Zahlen von 10 bis 19 steht vorne eine 1 (für 10); hinten stehen die Einer, die noch dazukommen.

13 = 10 + 3 oder 13 = 3 + 10

Für 11 und 12 gibt es im Deutschen besondere Zahlwörter.

11 = elf 12 = zwölf

Von 13 bis 19 hörst und liest du zuerst die hintere Zahl (die Einer) und dann die „zehn“ .

13	14	15	16
dreizehn,	vierzehn,	fünfzehn,	sechzehn,

17	18	19
siebzehn,	achtzehn,	neunzehn

Du schreibst aber zuerst die 1 für die „zehn“ und dann die Einer.
Nach 19 kommt 20.

20 = zwanzig

So wie du zwischen 0 und 9 rechnest, kannst du auch zwischen 10 und 19 rechnen.

3 + 2 = 5	5 − 2 = 3
13 + 2 = 15	15 − 2 = 13

Zahlen bis 100

Um größere Anzahlen besser zählen zu können, fasst du immer 10 Stück zusammen; dann zählst du, wie viele Zehnerpäckchen es sind und wie viele Einer noch übrig sind.

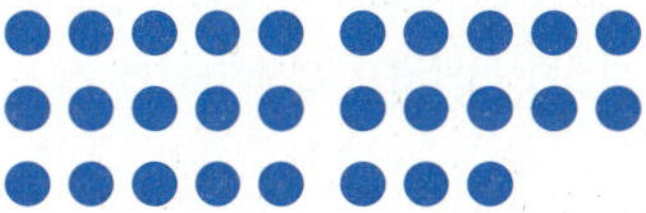

1. Zehner
2. Zehner
und noch 8 Einer

2 Zehner und 8 Einer = 28

Die **Zehnerzahlen** sagen, wie viele Zehner es sind. Zum Schreiben hängst du an die Zehner eine 0 für die Einer.

10	20	30	40	50
zehn,	zwanzig,	dreißig,	vierzig,	fünfzig,

60	70	80	90
sechzig,	siebzig,	achtzig,	neunzig

Bei den **Zahlen zwischen 20 und 100** hörst und liest du zuerst, wie viele Einer es sind und dann, wie viele Zehner noch dazukommen.

achtund**zwanzig** = **8** + 20 = 20 + **8** = **28**

Du schreibst aber zuerst die Zehner und dann die Einer.

Für 10 Zehner schreibst du 100 und liest „hundert" oder „einhundert".

Zahlen bis 1 000

Die **Zahlen zwischen 100 und 1 000** haben drei Bausteine, die Hunderter, die Zehner und die Einer.
Bei „fünfhundertsiebenundvierzig" hörst du zuerst 5 Hunderter, dann 7 Einer und als letztes 4 Zehner.
Du schreibst aber 547, also nach den 5 Hundertern zuerst die 4 Zehner und dann die 7 Einer.

547 = **fünf**hundert**sieben**und**vierzig**
= 500 + **7** + 40
= 500 + 40 + **7**

500 | 40 | 7

Null wird nur bei der Zahl 0 gesprochen.

Bei allen anderen Zahlen, in denen die Ziffer 0 vorkommt, werden 0 Einer oder 0 Zehner oder 0 Hunderter oder 0 Tausender usw. nicht gesprochen.

Wenn es 0 Einer sind, hörst du die Einer nicht,

380 = **drei**hundert**acht**zig = 300 + 80

300 | 80

wenn es 0 Zehner sind, hörst du die Zehner nicht,

705 = **sieben**hundert**fünf** = 700 + 5

700 | 5

bei 0 Zehnern und 0 Einern hörst du nur die Hunderter.

200 = **zwei**hundert

200

Nach 999 kommt 1 000 („tausend" oder „eintausend").

Zahlen bis 1 000 000

Damit du die Zahlen zwischen 1 000 und 1 000 000 besser lesen kannst, machst du vor den hinteren 3 Ziffern eine kleine Lücke, einen kleinen Strich oder einen Punkt.

23874 = 23 874
oder 23'874
oder 23.874

23 000
875

Vor der Lücke, dem Strich oder dem Punkt siehst du, wie viele Tausender es sind, dahinter siehst du, wie viele Hunderter, Zehner und Einer noch dazukommen.

516 097 = **516** tausend **97**
= **516** 000 + **97**

516 000
97

Nach 999 999 („999 tausend 999") kommt 1 000 000 („eine Million").

Zahlen darstellen

Zahlenfelder

Zahlen bis 10 kannst du gut im **Zehnerfeld** mit Plättchen legen (siehe Material S. 167).

Bei Zahlen über 5 siehst du
- wie viel es mehr sind als 5,
- wie viel bis 10 fehlen.

$7 = 5 + 2$

$7 + 3 = 10$

Wenn du zwei Zehnerfelder untereinander legst, hast du ein **Zwanzigerfeld** (siehe Material S. 167) für die Zahlen bis 20.

Du siehst
- wie viel es mehr sind als 10,
- wie viel bis 20 fehlen.

$16 = 10 + 6$

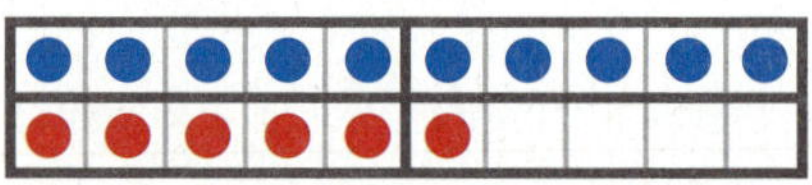

$16 + 4 = 20$

Das Zwanzigerfeld hilft dir auch beim Addieren von einstelligen Zahlen (siehe S. 39).

Bei Zahlen über 10 kannst du den Zehner mit einem **Zehnerstreifen** (siehe Material S. 167) legen.

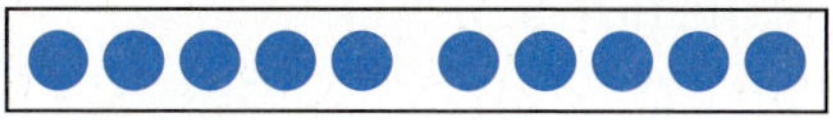

Im **Hunderterfeld** (siehe Material S. 160) liegen 10 Zehnerstreifen untereinander.

Darauf kannst du die Zahlen bis 100 gut sichtbar machen durch
- Plättchen legen, indem du die entsprechende Anzahl Plättchen hintereinander auf das Hunderterfeld legst,
- abdecken (siehe Bild).

Hunderterfeld

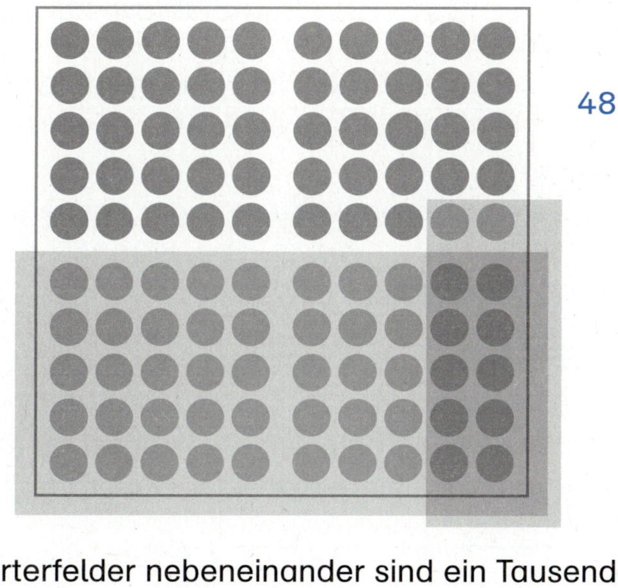

10 Hunderterfelder nebeneinander sind ein Tausenderfeld.

Wenn auf den 100 Feldern statt 100 Punkten die Zahlen von 1 bis 100 eingetragen sind, wird es **Hundertertafel** genannt (siehe Material S. 161).

Hundertertafel

1	2	3	4	5	6	7	8	9	10
11	12	13	14	15	16	17	18	19	20
21	22	23	24	25	26	27	28	29	30
31	32	33	34	35	36	37	38	39	40
41	42	43	44	45	46	47	48	49	50
51	52	53	54	55	56	57	58	59	60
61	62	63	64	65	66	67	68	69	70
71	72	73	74	75	76	77	78	79	80
81	82	83	84	85	86	87	88	89	90
91	92	93	94	95	96	97	98	99	100

Geheimschrift

Wie die zweistelligen Zahlen im Hunderterfeld aussehen, kannst du auch abgekürzt in einer Art Geheimschrift aufschreiben:

- für die Zehner zeichnest du statt der Zehnerstreifen nur einen Strich,
- für die Einer zeichnest du Punkte.

24 = 

Wenn es dreistellige Zahlen sind, zeichnest du für die Hunderter statt der Hunderterfelder Quadrate.

346 = 

Zahlenband, Zahlenstrahl

Wie die Zahlen weitergehen, wird auf dem **Zahlenband** sichtbar gemacht. Im ersten Feld steht 1.

1	2	3	4	5	6	7	8	9	10	11	12	13	14	15	16	17	18	19	20	21

Wenn das Band immer nach 10 Zahlen abgeschnitten und darunter neu angesetzt wird, erhältst du die Hundertertafel (siehe Material S. 161).

Der **Zahlenstrahl** fängt bei 0 an. Hier stehen die Zahlen an den Strichen.
Die Striche bei den Zehnerzahlen sind länger als bei den dazwischen liegenden Fünferzahlen; die Striche bei den Fünferzahlen sind länger als die Einerstriche.
Oft sind nur die Zehnerstriche beschriftet, die dazwischen liegenden Einerstriche müssen von den Zehnern aus weitergezählt werden.

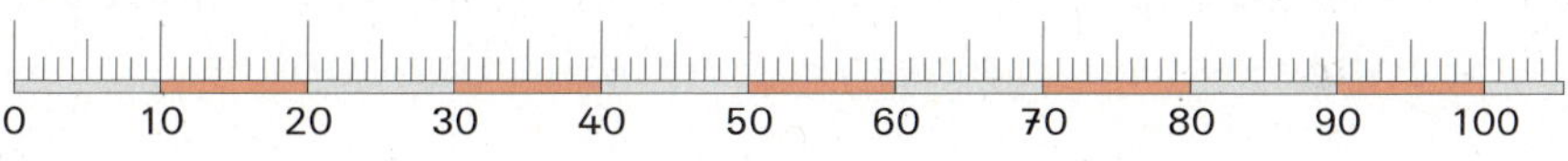

Am Zahlenstrahl kannst du das Weiterspringen bei den Einmaleinsreihen sichtbar machen.

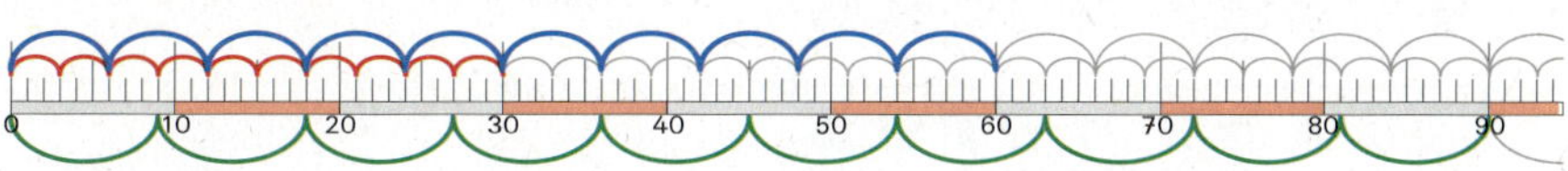

9 + 9 + 9 + 9 + ...

Um auch größere Zahlen (z. B. über 100) auf dem Zahlenstrahl sichtbar zu machen, werden die Einerstriche und später auch die Zehner-, Hunderter- oder Tausenderstriche weggelassen und nur die großen Einheiten sichtbar gemacht.

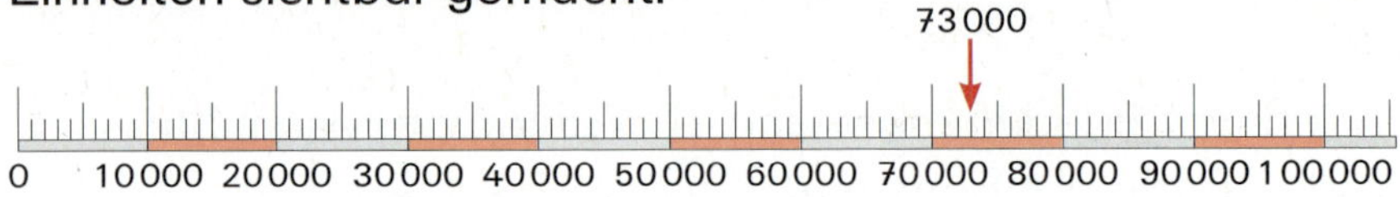

Die gleichen Fähigkeiten, die du beim Ablesen des Zahlenstrahls brauchst, brauchst du auch beim Messen mit Lineal (siehe Werkzeuge S. 168).

Stellenwerttafel

Größere Zahlen kannst du durch Bündeln in Zehner übersichtlich machen. Diese Bündelungen sind in der **Stellenwerttafel** dargestellt.
In die Stellenwerttafel kannst du jede Zahl schreiben. Bei zweistelligen Zahlen werden **Einer** zu Zehnern gebündelt, die **Zehner** stehen in einer neuen **Stelle** daneben.

46

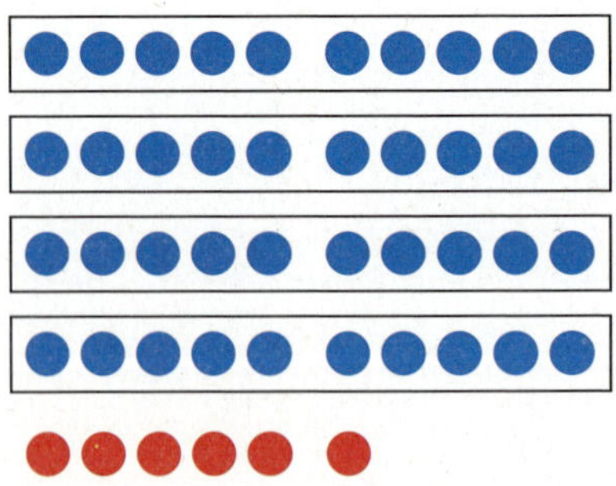

Zehner	Einer
4	6

Bei dreistelligen Zahlen werden die Zehner zu **Hundertern** gebündelt usw.

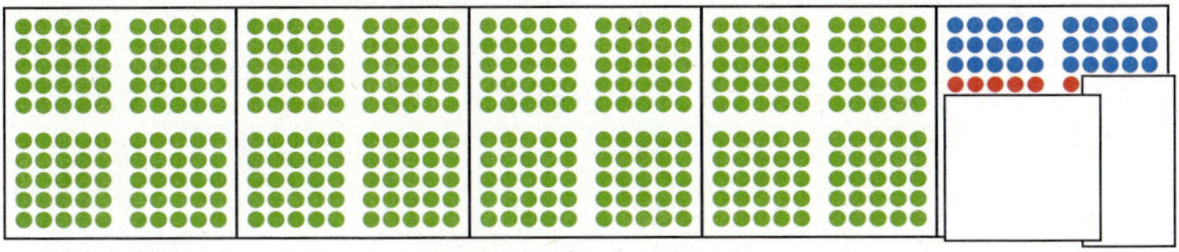

H	Z	E
4	3	6

Du kannst es dir z. B. mithilfe von Geld vorstellen:
In einer Kasse mit 3 Fächern sind

- rechts die 1€-Stücke,
- links daneben die 10€-Scheine und
- ganz links daneben die 100€-Scheine.

Sobald in einem Fach mehr als 10 Stück sind, werden 10 in einen Schein im Fach links daneben umgewechselt.
Über jedem Fach steht der Wert (Stellenwert), auf jedem Fach steht die Anzahl der Stücke in diesem Fach.

Bei großen Zahlen werden immer 3 Stellen zu einer Schublade zusammengefasst: **Einer, Tausender, Millionen.** Diese Namen helfen dir auch beim Zahlen lesen.

	Millionen			Tausender			Einer
...	M	HT	ZT	T	H	Z	E
...	1	2	0	7	6	8	5

eine Million 207 tausend 685

Du kannst jede Stelle für sich lesen oder auch mehrere Stellen zusammen und siehst dann, wie viele Zehner es insgesamt sind, wie viele Hunderter insgesamt usw.

1 **Million** (M)
1 2 **Hunderttausender** (HT)
1 2 0 **Zehntausender** (ZT)
1 2 0 7 **Tausender** (T)
1 2 0 7 6 **Hunderter** (H)
1 2 0 7 6 8 **Zehner** (Z)
1 2 0 7 6 8 5 **Einer** (E)

Römische Zahlzeichen

In früheren Zeiten wurden die römischen Zahlzeichen verwendet.

I	V	X	L	C	D	M
1	5	10	50	100	500	1 000

Es wird mit dem größten Zahlzeichen begonnen, dann kommen der Reihe nach die kleineren.
Ihre Summe ergibt die Zahl.

III = 3
XVI = 10 + 5 + 1 = 16
CCCLXX = 300 + 50 + 20 = 370
MDC = 1 000 + 500 + 100 = 1 600

Besondere Regeln sind:
- V, L und D können nur einmal stehen.
- I, X, C stehen höchstens 3-mal nebeneinander; statt 4 gleichen Zeichen nebeneinander wird I, X oder C vor die nächst größere Fünfer- oder Zehnereinheit geschrieben:

4 = IV (1 weniger als 5)
40 = XL (10 weniger als 50)
400 = CD (100 weniger als 500)

9 = IX (1 weniger als 10)
90 = XC (10 weniger als 100)
900 = CM (100 weniger als 1 000)

Tätigkeiten

Durch **Zählen** lernst du immer mehr Zahlen kennen.
Dazu musst du von jeder Zahl die **Nachbarzahlen** kennen:
- die Zahl, die als nächste kommt (Nachfolger),
- die Zahl, die davor kommt (Vorgänger).

Du musst
- nicht nur vorwärts, sondern auch rückwärts zählen können; dabei ist es nicht leicht, die Zahl zu finden, die vor einer Zehnerzahl kommt,

  81, 80, **79**, ...

- von einer beliebigen Startzahl weiterzählen können, es gibt dabei oft Fehler nach den Zahlen mit zwei gleichen Ziffern,

  65, 66, **67** (nicht 76), ...

- nicht nur in Einerschritten, sondern auch in anderen Schritten,
  z. B. in 2er-, 5er- und vor allem in 10er-Schritten weiterzählen können, später auch in 100er- und 1 000er-Schritten.

Dadurch bekommst du verschiedene **Zahlenfolgen.**

2er-Schritte: 2, 4, 6, 8, 10, ...

10er-Schritte rückwärts: 138, 128, 118, 108, 98, ...

1 000er-Schritte rückwärts: 8 205, 7 205, 6 205, ...

Beim Zählen in Zweierschritten triffst du
- mit der Startzahl 0 alle **geraden Zahlen,**
- mit der Startzahl 1 alle **ungeraden Zahlen.**

Gerade Zahlen

0		2		4		6		8		10		12		14		16		...	
	1		3		5		7		9		11		13		15		17		...

Ungerade Zahlen

Wenn du zwei Zahlen miteinander **vergleichen** willst, gibt es drei Möglichkeiten:

Die erste Zahl ist
- **kleiner** (<) als die zweite Zahl,

  3 < 5 (lies: „3 ist kleiner als 5“)

- **größer** (>) als die zweite Zahl,

  6 > 4 (lies: „6 ist größer als 4“)

- **gleich** (=) wie die zweite Zahl

  3 = 3 (lies: „3 gleich 3“)

Mehrere Zahlen kannst du der Größe nach **ordnen.** Du kannst mit der kleinsten oder mit der größten Zahl beginnen.

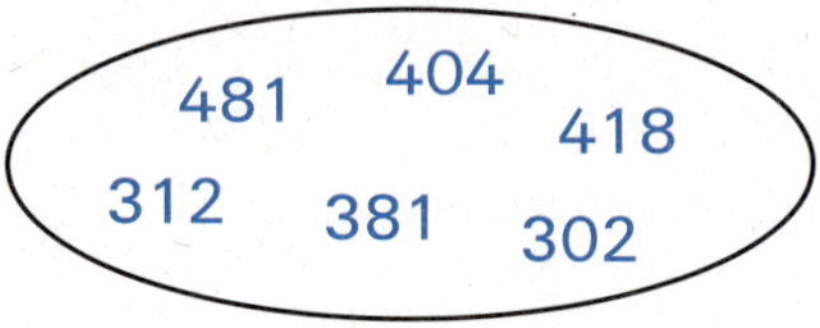

Ordne. Beginne mit der kleinsten Zahl:

302 < 312 < 381 < 404 < 418 < 481

Damit dir das Rechnen leichter fällt, ist es wichtig, dass du Zahlen auf ganz verschiedene Art **zerlegen** kannst (siehe Zerlegungshaus S. 156).

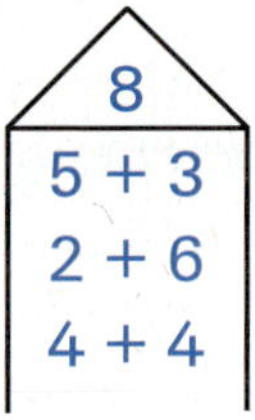

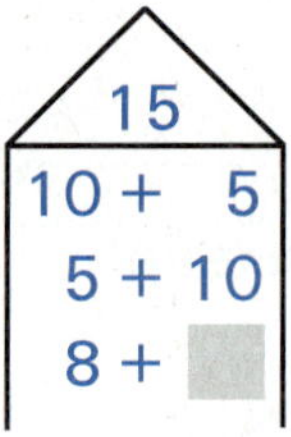

Ebenso wichtig ist, dass du Zahlen **ergänzen** kannst. Für das Subtrahieren ist vor allem die Ergänzung bis 10 wichtig.

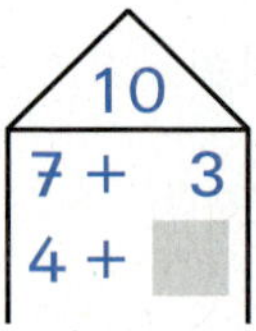

Beim **Runden** einer Zahl suchst du z. B. die nächste Zehnerzahl oder die nächste Hunderterzahl.

Runden auf Zehner:

- bei 1, 2, 3, 4 in der Einerstelle wird auf den kleineren Nachbarzehner abgerundet,
- bei 5, 6, 7, 8, 9 in der Einerstelle wird auf den größeren Nachbarzehner aufgerundet.

Nachbarzehner

T	H	**Z**	E
4	6	2	0
4	6	**2**	8
4	6	**3**	0

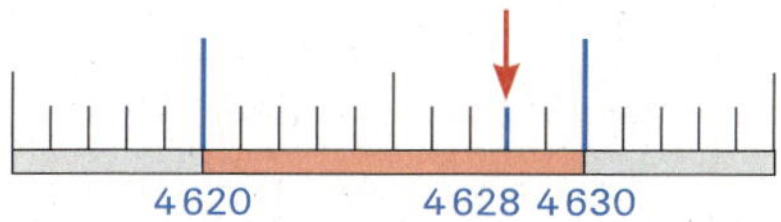

4 628 ≈ 4 630 (lies: „4 628 ist **rund** 4 630")

Entsprechend beim **Runden auf Hunderter:**

- auf den kleineren Nachbarhunderter wird abgerundet, wenn die Ziffer in der Zehnerstelle kleiner als 5 ist,
- auf den größeren Nachbarhunderter wird aufgerundet, wenn die Ziffer in der Zehnerstelle 5 oder größer ist.

Nachbarhunderter

T	**H**	Z	E
4	**6**	2	0
4	**6**	2	8
4	**7**	0	0

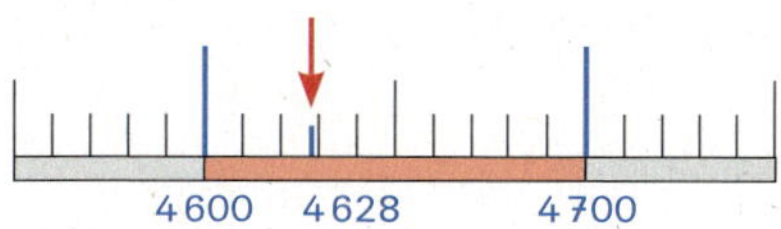

4 628 ≈ 4 600 (lies: „4 628 ist **rund** 4 600")

Zahlen sind im täglichen Leben oft **ungenau,**

- weil du sie nur geschätzt hast,

  Wie viele Buchstaben stehen auf dieser Seite?

- weil du sie überhaupt nicht genau bestimmen kannst,

  Wie viele Haare hast du auf dem Kopf?

- weil sie sich verändern,

  Wie viele Menschen wohnen in Europa?

- weil sie nicht bei allen gleich sind.

  Wie viel Wasser wird in einem Haushalt durchschnittlich verbraucht?

Wenn die Zahl z. B. in der Nähe von 100 liegt, sagst du:

„rund 100“, „ungefähr 100“ oder „ca. 100“ (lies: „circa 100“).

Mit gerundeten Zahlen kannst du leichter rechnen.

Rechnen

Plus und minus

Neue Wörter und Zeichen

Das Zeichen für das Zusammenzählen **(Addieren)** ist „+“ und wird „**plus**“ gelesen.
Die Zahlen, die addiert werden, heißen **Summanden;** das Ergebnis heißt **Summe.**
Die Rechenoperation heißt **Addition.**

Summand	+	Summand	=	Summe
5	+	3	=	8
(lies: fünf	plus	drei	gleich	acht)

Das Zeichen für das Wegnehmen **(Subtrahieren)** ist „–“ und wird **„minus“** gelesen.
Die Zahl vor dem „–“ heißt **Minuend,** die Zahl nach dem „–“ **Subtrahend;**
das Ergebnis heißt **Differenz.**
Die Rechenoperation heißt **Subtraktion.**

Minuend	–	Subtrahend	=	Differenz
8	–	3	=	5
(lies: acht	minus	drei	gleich	fünf)

Einführung: plus (+)

4 + 2 = 6

plus gleich

Bei „+ 0“ wird es nicht mehr, sondern die Zahl bleibt gleich.

Additionen brauchst du,

- wenn du zusammenfasst,

  5 Kinder kommen zu Fuß, 7 Kinder kommen mit dem Bus. Wie viele Kinder sind es zusammen?

- wenn du etwas dazu tust,

  Nemet hat 47 schöne Steine gefunden. Er findet noch 6 weitere. Wie viele Steine hat er insgesamt?

– wenn du vergleichst.

Eva ist 2 m und 57 cm weit gesprungen.
Sven ist 30 cm weiter gesprungen als Eva.
Wie weit ist Sven gesprungen?

Beim Addieren spielt die Reihenfolge keine Rolle.
Aufgabe und **Tauschaufgabe** haben das gleiche Ergebnis.
Das hilft manchmal beim Rechnen:

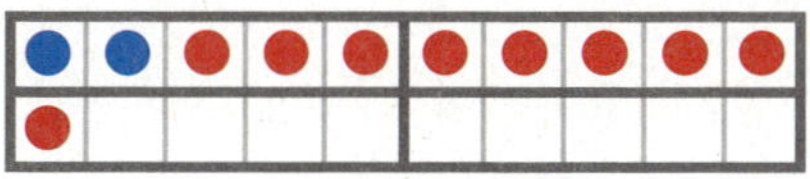

$2 + 9 = \square$

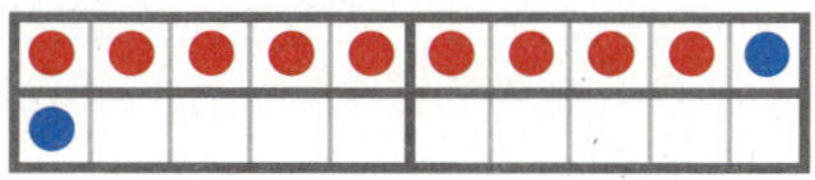

$9 + 2 = \square$

2 + 9 = ? Ich rechne 9 + 2,
das finde ich leichter!

Als **Hilfsmittel,** damit du dir eine Aufgabe veranschaulichen kannst, gibt es **Material,**
z. B. Hundertertafel (siehe S. 161),
Hunderterfeld (siehe S. 160), Plättchen (siehe S. 162),
Rechengeld (siehe S. 163), Spielwürfel (siehe S. 165),
Zehnerfeld (siehe S. 167), Zehnerstreifen (siehe S. 167),
Zwanzigerfeld (siehe S. 167).
Du kannst Additionen mit einer Schüttelbox (siehe S. 164) oder mit einem Zerlegungshaus (siehe S. 156) üben.

Einführung: minus (–)

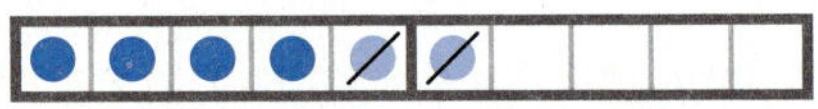

6 – 2 = 4

minus gleich

Du siehst in dem **Punktebild** alle drei Zahlen der Subtraktion:

- wie viel es vorher waren,
- wie viel weggenommen wird,
- wie viel übrig bleibt.

Bei „– 0“ wird es nicht weniger, sondern die Zahl bleibt gleich.

Subtraktionen brauchst du

- wenn du zerlegst,

In der Klasse 2a sind 26 Kinder. 12 Kinder sind Mädchen. Wie viele Kinder sind Jungen?

– wenn du etwas wegnimmst,

Im Bus sind 40 Personen, 7 steigen aus.
Wie viele Personen bleiben im Bus?

– wenn du vergleichst.

Die 55 Kinder der Klassen 2a und 2b machen einen Ausflug. Im Bus sind 50 Sitzplätze.
Wie viele Sitzplätze fehlen?

Durch Subtrahieren kannst du das Addieren rückgängig machen. Du kannst die Additionsaufgabe umkehren.

$8 - 3 = \square$

$\square + 3 = 8$

Additionsaufgabe: $5 + 3 = 8$
Umkehraufgabe: $8 - 3 = 5$

Die beiden **Umkehraufgaben** zur Additionsaufgabe und ihrer Tauschaufgabe werden auch **verwandte Aufgaben** genannt.

$5 + 3 = 8$	$3 + 5 = 8$
$8 - 3 = 5$	$8 - 5 = 3$

Diese 4 Aufgaben bilden eine **Aufgabenfamilie.**

Du kannst jede Subtraktionsaufgabe auch als **Ergänzungsaufgabe** mit **Platzhalter** schreiben.

Subtraktionsaufgabe: 8 – 3 = ☐
Ergänzungsaufgaben: ☐ + 3 = 8 oder 3 + ☐ = 8

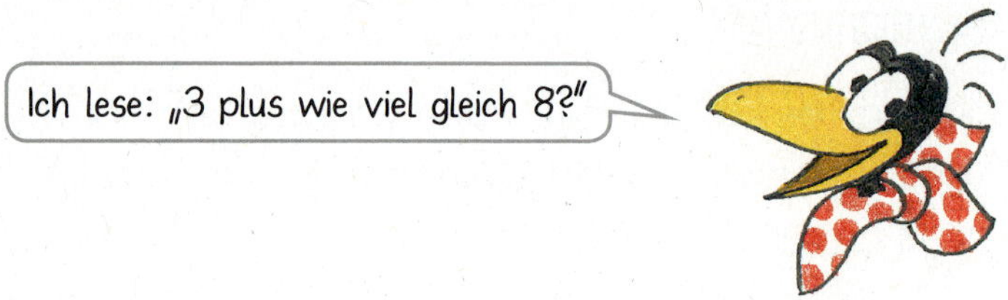

Jede Subtraktionsaufgabe kannst du mit der umgekehrten Additionsaufgabe kontrollieren **(Probe).**

348 – 57 = 291 Probe: 291 + 57 = 348

Als **Hilfsmittel** gibt es einige **Materialien,**
z. B. Hundertertafel (siehe S. 161), Wendeplättchen (siehe S. 162).

Kopfrechnen und halbschriftliches Rechnen

Für das Addieren und Subtrahieren ist es wichtig, dass du alle Zerlegungen der Zahlen im Zahlenraum bis 10 kennst.

Besonders wichtig sind

– die Zerlegung: „Wie viel mehr als 5?",

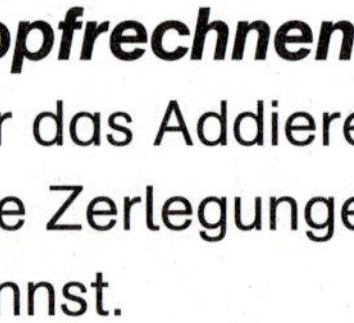

6 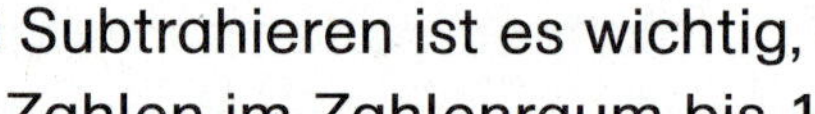 5 + 1

– die Zerlegungen der 10.

10
10 + 0
9 + 1
8 + 2
7 + 3
6 + 4
5 + 5
4 + 6
...

Beim Addieren mit **Zehnerübergang** kannst du z. B.

– zuerst bis zur 10 ergänzen und dann den Rest noch dazu zählen,

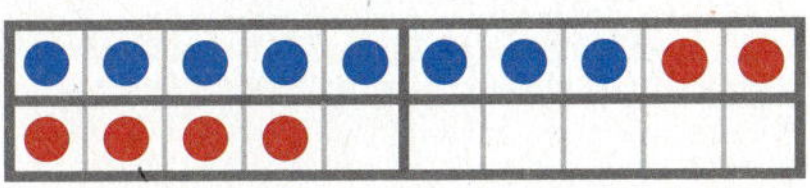

8 + 6 = ☐
8 + 2 + 4 = ☐

– Verdopplungsaufgaben nutzen,

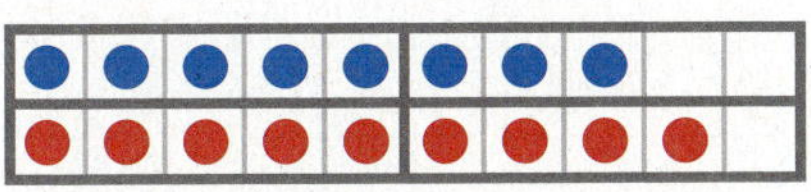

8 + 9 = ☐
8 + 8 + 1 = ☐

– wenn beide Zahlen größer als 5 sind, beide in 5 + ☐ zerlegen und dann die beiden Fünfen und die beiden Reste getrennt addieren.

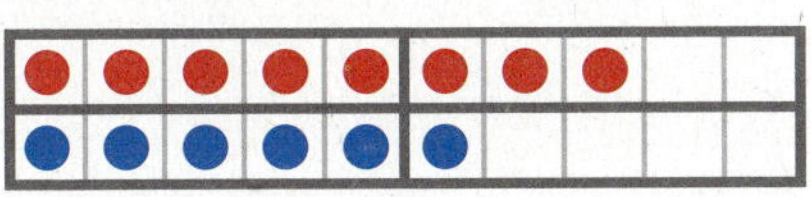

8 + 6 = ☐
5 + 3 + 5 + 1 = ☐
5 + 5 + 3 + 1 = ☐

Die Addition aller Zahlen bis 10 lernst du, indem du zuerst Stützpunkte aufbaust:

- Plusaufgaben mit 0, z. B. 7 + 0
  (hier werden die meisten Fehler gemacht),
- Kernaufgaben und ihre Tauschaufgaben:
  - Verdoppelung, z. B. 5 + 5
  - 1 dazu, z. B. 6 + 1, 1 + 7
  - 2 dazu, z. B. 9 + 2, 2 + 6
  - 5 dazu, z. B. 8 + 5, 5 + 4
  - 10 dazu, z. B. 10 + 3, 7 + 10
  - zusammen 10, z. B. 6 + 4, 3 + 7

Einspluseinstafel (1 + 1-Tafel) mit Stützpunkten

+	0	1	2	3	4	5	6	7	8	9	10
0	0	1	2	3	4	5	6	7	8	9	10
1	1	2	3	4	5	6	7	8	9	10	11
2	2	3	4	5	6	7	8	9	10	11	12
3	3	4	5	6	7	8	9	10	11	12	13
4	4	5	6	7	8	9	10	11	12	13	14
5	5	6	7	8	9	10	11	12	13	14	15
6	6	7	8	9	10	11	12	13	14	15	16
7	7	8	9	10	11	12	13	14	15	16	17
8	8	9	10	11	12	13	14	15	16	17	18
9	9	10	11	12	13	14	15	16	17	18	19
10	10	11	12	13	14	15	16	17	18	19	20

Wenn du von den Kernaufgaben aus noch um 1 mehr (oder um 1 weniger) rechnest **(Nachbaraufgaben),** kannst du alle Aufgaben des kleinen „1 + 1“ rechnen.

8 + 7 = „1 weniger als 8 + 8“ oder „1 mehr als 7 + 7“

Dein Wissen kannst du auf das Rechnen mit Zehnern, Hundertern, Tausendern anwenden.

2 + 3 = 5	12 + 3 = 15
20 + 30 = 50	120 + 30 = 150
200 + 300 = 500	1 200 + 300 = 1 500
2 000 + 3 000 = 5 000	12 000 + 3 000 = 15 000

Beim **halbschriftlichen Addieren** addierst du schrittweise im Kopf, z. B. zuerst die Hunderter, dann die Zehner, dann die Einer. Die Zwischenschritte werden notiert.

584 + 132 =

584 + 100 = 684
684 + 30 = 714
714 + 2 = 716

Wenn du mehrere Zahlen addieren musst, kannst du **vorteilhaft rechnen** und dir die einfachste Reihenfolge auswählen.

27 + 16 + 3 = 27 + 3 + 16
= 30 + 16
= 46

Bei Addition von 9 oder 99 ist es vorteilhaft, wenn du zuerst 10 oder 100 addierst und am Schluss noch 1 wegnimmst.

Erst 10 dazu, dann 1 weg.

38 + 9

38 + 10 − 1 = ☐

Erst 100 dazu, dann 1 weg.

247 + 99

247 + 100 − 1 = ☐

Für die **Subtraktionsaufgaben** kannst du mit den Additionsaufgaben gleich ihre Umkehrungen lernen.

Dafür helfen wieder Stützpunkte:

- 1 weg, z. B. 8 − 1
- 2 weg, z. B. 7 − 2
- 5 weg, z. B. 12 − 5
- 10 weg, z. B. 16 − 10
- die Hälfte weg, z. B. 14 − 7
- Ergänzen auf 10, z. B. 3 + ☐ = 10
- die Aufgaben mit 0, z. B. 6 − 6, 9 − 0

Die Nachbaraufgaben kannst du mithilfe der Stützpunkte lösen:

12 − 7 = 12 − 6 − 1 = ☐

Wenn du Subtraktionsaufgaben als Ergänzungsaufgaben schreibst, kannst du sie mit der 1 + 1-Tafel lösen.

Wie viel fehlt von 2 bis 9?

+	0	1	2	3	4	5	6	**7**	8	9	10
0											
1											
2								**9**			
3											
4											

Für den **Zehnerübergang** hilft es, wenn du die zweite Zahl der Minusaufgabe zerlegst und zuerst bis zum Zehner rechnest.

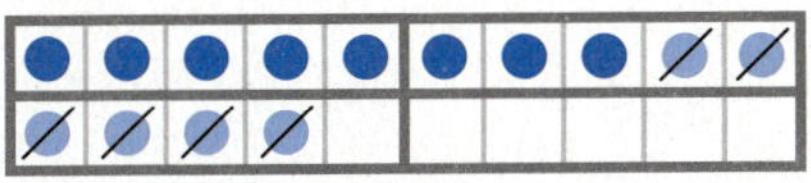

$14 - 6 = \square$

$14 - 4 - 2 = \square$

Um dieses Wissen auf mehrstellige Zahlen anwenden zu können, musst du vor allem Zehner- und Hunderterübergänge rückwärts schaffen.

$61 - 3 = \square$

$61 - 1 - 2 = 58$

$303 - 8 = \square$

$303 - 3 - 5 = 295$

Beim **halbschriftlichen Subtrahieren** kannst du z. B. zuerst die Hunderter, dann die Zehner und zuletzt die Einer subtrahieren und die Zwischenschritte notieren.

$350 - 162 = \square$

$350 - 100 = 250$
$250 - 60 = 190$
$190 - 2 = 188$

Wenn du 9 oder 99 subtrahieren musst, kannst du **vorteilhaft rechnen,** wenn du zuerst 10 oder 100 subtrahierst und am Schluss wieder 1 dazuzählst.

Erst 10 weg, dann 1 dazu.

$25 - 9$
$25 - 10 + 1 = \square$

Erst 100 weg, dann 1 dazu.

$348 - 99$
$348 - 100 + 1 = \square$

Schriftliche Addition

Bei der **schriftlichen Addition** schreibst du die Summanden so untereinander, dass Einer unter Einern, Zehner unter Zehnern, Hunderter unter Hundertern usw. stehen **(stellengerecht).**

$417 + 352 = \square$

	4	1	7
+	3	5	2

Zuerst addierst du die Einer von unten nach oben und notierst ihre Summe in der Einerspalte. Wenn die Summe größer oder gleich 10 ist, schreibst du nur die Einer in die Einerspalte und die 1 des Zehners als **Übertrag** in die Zehnerspalte.
Dann addierst du in der Zehnerspalte. Falls ein Übertrag vorhanden ist, addierst du ihn dazu. Wenn dort die Summe 10 oder größer ist, schreibst du wieder die 1 als Übertrag in die Hunderterspalte usw.

Addition ohne Übertrag

	H	Z	E
	4	1	7
+	3	5	2
	7	**6**	**9**

Du sprichst so:

2 + 7 = **9**
schreibe **9**

5 + 1 = **6**
schreibe **6**

3 + 4 = **7**
schreibe **7**

Addition mit Übertrag

	H	Z	E
	1	3	4
+	6	5 (1)	8
	7	**9**	**2**

Du sprichst so:

8 + 4 = **12**
schreibe **2**
übertrage 1
1 + 5 = 6
6 + 3 = **9**
schreibe **9**
6 + 1 = **7**
schreibe **7**

Du kannst auch von oben nach unten addieren.
Auf die gleiche Weise kannst du auch 3 oder mehr Zahlen untereinander schreiben und addieren; dabei können größere Überträge als 1 vorkommen.

Schriftliche Subtraktion

Bei der **schriftlichen Subtraktion** schreibst du beide Zahlen so untereinander, dass Einer unter Einern, Zehner unter Zehnern, Hunderter unter Hundertern usw. stehen **(stellengerecht).**

769 − 352 = ▭

	7	6	9
−	3	5	2

Du kannst mit dem **Ergänzungsverfahren** rechnen.
Du beginnst in der Einerspalte und fragst, wie viel du zu den Einern der unteren Zahl dazu legen musst, um die Einer der oberen Zahl zu erreichen.

Subtraktion ohne Übertrag

Erst die Einer

	H	Z	E
	7	6	9
–	3	5	2
			7

von 2 bis 9 fehlen **7**
schreibe **7**

Du kannst auch so sprechen: 2 + **7** = 9
schreibe **7**

„7" betonen

Dann fragst du bei den Zehnern, wie viel du zu der unteren Zahl dazulegen musst, bis du die obere erreichst, dann bei den Hundertern usw.

	H	Z	E
	7	6	9
–	3	5	2
	4	**1**	**7**

Du kannst so sprechen: von 5 bis 6 fehlt **1**
schreibe **1**
von 3 bis 7 fehlen **4**
schreibe **4**

Wenn in einer Spalte die obere Zahl kleiner ist als die untere Zahl, bekommst du einen **Übertrag.**

Subtraktion mit Übertrag

2 Einer und
1 Zehner als Übertrag

	H	Z	E
	7	9	**2**
−	7	5_1	**8**
			4

Von 8 bis 2 geht es nicht, also musst du von 8 bis 12 rechnen:
von 8 bis 12 fehlen **4**
schreibe **4**
übertrage 1

Wenn du zu 7**5**8 die 4 dazu gelegt hast, bist du bei 7**6**2. In der Zehnerspalte musst du also zu den 6 Zehnern nur noch 3 dazu legen und in der Hunderterspalte 0 Hunderter.

	H	Z	E
	7	**9**	2
−	7	**5_1**	8
	0	**3**	4

von (5 + 1 =) 6 bis 9 fehlen **3**
schreibe **3**
von 7 bis 7 fehlen **0**
schreibe **0,** Ergebnis **34**

In manchen Ländern wird mit dem **Abziehverfahren** subtrahiert.
Dabei beginnst du bei den Einern und subtrahierst die Einer der unteren Zahl von den Einern der oberen Zahl. Wenn die Einer der oberen Zahl kleiner sind als die Einer der unteren Zahl, „borgst“ du dir 10 Einer, indem du bei der oberen Zahl 1 Zehner wegnimmst und gleichzeitig die Einer um 10 erhöhst.

Subtraktion ohne Übertrag

Erst die Einer

	H	Z	E
	7	6	9
−	3	5	2
	4	**1**	**7**

Du kannst so sprechen:

9 − 2 = **7**
schreibe **7**
6 − 5 = **1**
schreibe **1**
7 − 3 = **4**
schreibe **4,** Ergebnis **417**

Subtraktion mit Übertrag

	H	Z	E
	7	~~9~~ 8	2 10
−	7	5	8
	0	3	4

1 Zehner aus der Zehnerspalte

Du kannst so sprechen:

12 − 8 = **4**
schreibe **4**
9 − 1 = 8
8 − 5 = **3**
schreibe **3**
7 − 7 = **0**
schreibe **0,** Ergebnis **34**

Wenn du **Kommazahlen** (z. B. mit € und ct) addierst oder subtrahierst, gibt es zwei Möglichkeiten:

– Du wandelst sie erst in eine Einheit ohne Komma um, berechnest dann das Ergebnis und wandelst das Ergebnis wieder in eine Kommazahl um,

4,50 € + 7,80 € =
450 ct + 780 ct = 1230 ct = 12,30 €

– du schreibst in der Rechnung Komma unter Komma, das Komma steht im Ergebnis an der gleichen Stelle.

		4,	5	0	€
+		7,	8	0	€
	1	2,	3	0	€

	1	2,	4	0	€
−		1,	6	0	€
	1	0,	8	0	€

Mal und geteilt durch

Neue Wörter und Zeichen

Das Zeichen für das **Malnehmen (Multiplizieren)** ist „·“ und wird **„mal“** gelesen. Die Zahlen, die multipliziert werden, heißen **Faktoren,** das Ergebnis **Produkt.** Die Rechenoperation heißt **Multiplikation.**

	Faktor	·	Faktor	=	Produkt
	7	·	2	=	14
(lies:	sieben	mal	zwei	gleich	vierzehn)

Du kannst auch sagen:

„das 7fache von 2“, „2 mit 7 malnehmen“, „2 versiebenfachen“.

Das Zeichen für das **Teilen (Dividieren)** ist „:“ und wird **„geteilt durch“** oder **„durch“** gelesen. Die Zahl vor dem „:“ heißt **Dividend,** die Zahl hinter dem „:“ heißt **Divisor.** Das Ergebnis heißt **Quotient.** Die Rechenoperation heißt **Division.**

	Dividend	:	Divisor	=	Quotient
	14	:	7	=	2
(lies:	vierzehn	durch	sieben	gleich	zwei)

Du kannst auch sagen: „der 7. Teil von 14“.

Wenn verschiedene Rechenzeichen in einer Aufgabe vorkommen, gibt es zwei **Rechenregeln:**

- Zuerst wird das gerechnet, was in **Klammern** steht.
- Wenn es keine Klammern gibt, gilt die Regel: **„Punktrechnung vor Strichrechnung".** Das heißt, es wird zuerst „·" und „:" gerechnet **(„Punktrechnung")** und dann erst „+" und „–" **(„Strichrechnung").**

$$26 + \underbrace{4 \cdot 50}_{200} = 226 \qquad \underbrace{(26 + 4)}_{30} \cdot 50 = 1\,500$$

Einführung: mal (·)

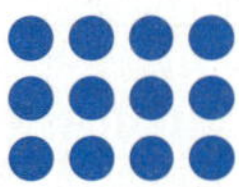

$$4 + 4 + 4 = 12$$
$$3 \cdot 4 = 12$$

mal gleich

Wenn du die gleiche Zahl **mehrmals addierst,** erhältst du eine Multiplikationsaufgabe.

Beim Vervielfachen mit 1 bleibt es gleich viel und bei allen Aufgaben mit 0 ist das Ergebnis 0.

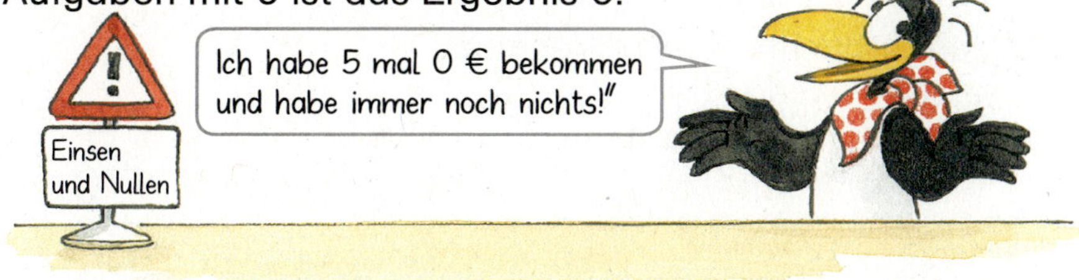

Die Wörter „das **Doppelte, verdoppeln**" (mal 2) sind schwierig, da sie ganz anders klingen als das Wort „zwei".

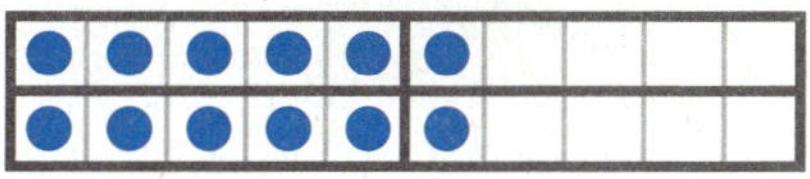

$6 + 6 = 2 \cdot 6$

Multiplikationen brauchst du,

– wenn mehrmals gleich viel zusammengelegt wird,

  Ich kaufe 3 Packungen mit je 5 Pralinen.
  Wie viele Pralinen habe ich insgesamt?

– wenn etwas vergrößert wird,

  Bei der Geburt war er 50 cm groß, 10 Jahre später ist er 3-mal so groß. Wie groß ist er mit 10 Jahren?

– beim Vergleichen,

  Ich bin 5-mal so schwer wie mein Hund mit 6 kg.
  Wie schwer bin ich?

– beim Zuordnen.

  1 Liter kostet 2 €. Wie viel kosten 5 Liter?

Beim Multiplizieren spielt die Reihenfolge keine Rolle. Aufgabe und **Tauschaufgabe** haben das gleiche Ergebnis. Das hilft manchmal beim Rechnen.

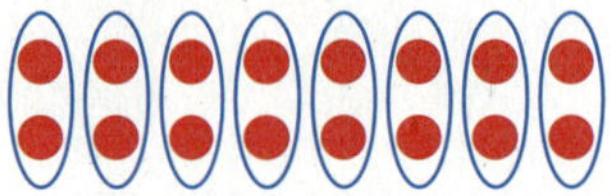

8 · 2

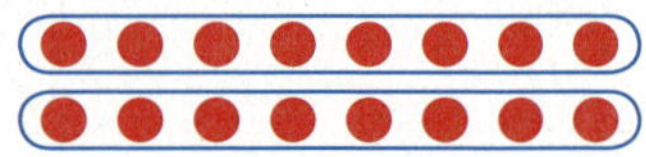

2 · 8

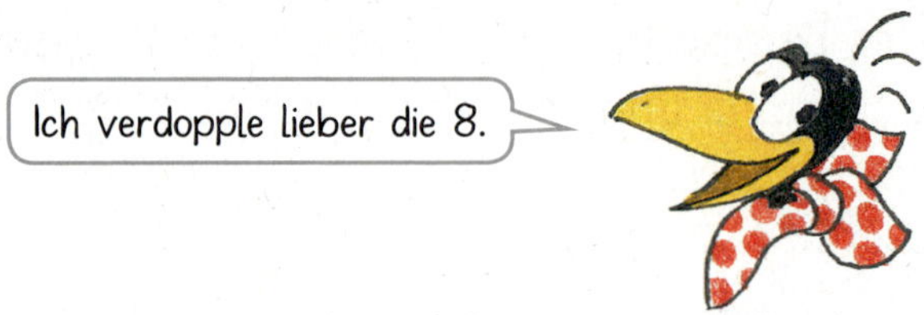

Als **Hilfsmittel,** mit denen du dir Multiplikationen veranschaulichen kannst, gibt es einige **Materialien,** z. B. Einmaleinstafel (siehe S. 157), Hunderterfeld (siehe S. 160).

Einführung: geteilt durch (:)

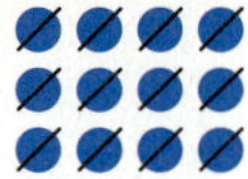

$12 - 4 - 4 - 4 = 0$
$12 : 4 = 3$

Wenn du die gleiche Zahl **mehrmals subtrahierst,** erhältst du eine Divisionsaufgabe.

Bei „: 1" wird es nicht weniger, sondern die Zahl bleibt gleich; wenn du 0 in mehrere Teile teilst, bleibt es 0.

Die Wörter „**halb,** die **Hälfte, halbieren**" (durch 2) sind schwierig, da sie ganz anders klingen als das Wort „zwei".

$$10 : 2 = 5$$

Teilen kannst du dir vorstellen als

– verteilen,

Verteile 12 Spielplättchen an 3 Kinder.
Wie viele Plättchen erhält jedes Kind?

– aufteilen.

Teile 12 Spielplättchen in 4er-Päckchen auf.
Wie oft ist 4 in 12 enthalten?

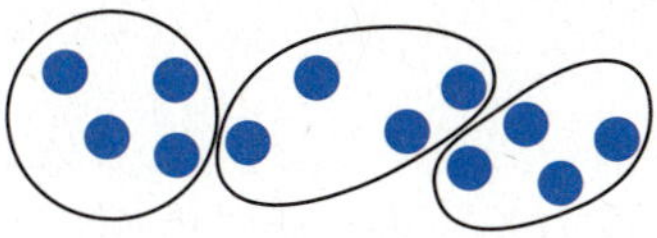

Divisionen brauchst du

– wenn du zerlegst,

Die Oma schenkt Marc und Lena zusammen 32 €. Sie wollen gerecht teilen. Wie viel Geld bekommt jeder?

– wenn du etwas verkleinerst,

Verkleinere die Figur:
Zeichne alle Strecken
nur halb so lang.

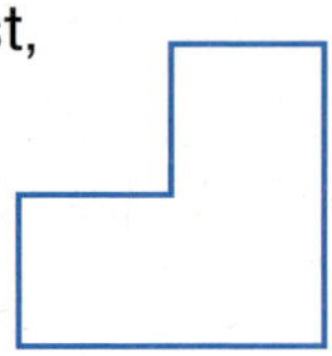

– wenn du vergleichst,

Vergleiche die Umlaufdauer der Planeten um die Sonne:
Erde 1 Jahr, Jupiter 12 Jahre, Uranus 84 Jahre.

– wenn du zuordnest.

Ein Flugzeug fliegt 3 600 km in 4 h.
Wie weit fliegt es in einer Stunde?

Durch Dividieren kannst du das Multiplizieren rückgängig machen. Du kannst die Multiplikationsaufgabe umkehren.

Multiplikationsaufgabe:	$3 \cdot 4 = 12$
Umkehraufgabe:	$12 : 4 = 3$

Die beiden **Umkehraufgaben** zur Multiplikationsaufgabe und ihrer Tauschaufgabe werden auch **verwandte Aufgaben** genannt.

$3 \cdot 4 = 12$ $\qquad$ $4 \cdot 3 = 12$

$12 : 4 = 3$ $\qquad$ $12 : 3 = 4$

Diese 4 Aufgaben bilden eine **Aufgabenfamilie.**
Jede Divisionsaufgabe kannst du mit der umgekehrten Multiplikationsaufgabe kontrollieren **(Probe).**

$54 : 6 = 9$ $\qquad$ Probe: $9 \cdot 6 = 54$

Beim Teilen kommt es häufig vor, dass am Schluss noch etwas übrig bleibt.

$54 : 10 = 5$ Rest 4

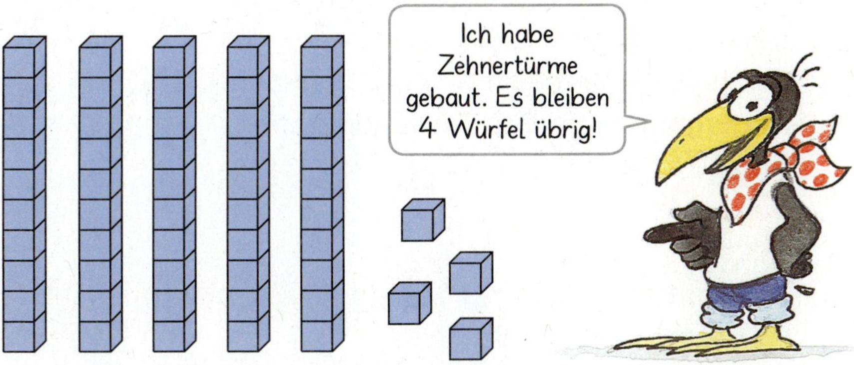

Dieser **Rest** ist immer kleiner als die Zahl, durch die geteilt wird.

Hilfsmittel: An der Einmaleinstafel (siehe S. 157) kannst du auch Divisionen sichtbar machen.

Kopfrechnen und halbschriftliches Rechnen

Wenn du bei Null beginnst und nur jede 2. Zahl sagst, bekommst du die **Vielfachen** von 2 (Zweierzahlen oder **gerade Zahlen**).
Die Zweierzahlen bis 10 · 2 werden auch Zweierreihe genannt.

Auf die gleiche Weise kannst du auch die Vielfachen von anderen Zahlen erhalten.

Um alle Zahlen von 0 bis 10 multiplizieren zu können, kannst du zuerst Stützpunkte aufbauen:

- Malaufgaben mit 0, z. B. 4 · 0
  (hier werden die meisten Fehler gemacht),
- Kernaufgaben und ihre Tauschaufgaben:
  - mal 1, z. B. 1 · 3, 9 · 1
  - Verdoppeln, z. B. 2 · 4, 6 · 2
  - mal 10, z. B. 10 · 4, 3 · 10
  - mal 5, z. B. 5 · 4, 8 · 5
  - Quadratzahlen, z. B. 7 · 7

Einmaleinstafel (1 · 1-Tafel) mit Stützpunkten

·	0	1	2	3	4	5	6	7	8	9	10
0	0	0	0	0	0	0	0	0	0	0	0
1	0	1	2	3	4	5	6	7	8	9	10
2	0	2	4	6	8	10	12	14	16	18	20
3	0	3	6	9	12	15	18	21	24	27	30
4	0	4	8	12	16	20	24	28	32	36	40
5	0	5	10	15	20	25	30	35	40	45	50
6	0	6	12	18	24	30	36	42	48	54	60
7	0	7	14	21	28	35	42	49	56	63	70
8	0	8	16	24	32	40	48	56	64	72	80
9	0	9	18	27	36	45	54	63	72	81	90
10	0	10	20	30	40	50	60	70	80	90	100

In den Spalten der 1 · 1-Tafel stehen die Einmaleinsreihen untereinander.
Die restlichen Aufgaben, die noch übrig bleiben, erreichst du, indem du von den Stützpunkten noch 1-mal weiter oder 1-mal zurück gehst.

Die schwierigsten Aufgaben sind 7 · 8, 7 · 9, 8 · 9 und ihre Tauschaufgaben, die musst du besonders üben.

In der 1 · 1-Tafel ohne Multiplikationen mit 0 kannst du jedes Ergebnis anschaulich sehen:
Das Ergebnis gibt an, wie viele Felder es bis zu dieser Stelle sind (siehe Material S. 158).

Ebenso wichtig wie das Einmaleins ist, dass du **mit 10, mit 100 und mit 1 000 malnehmen** kannst.

- Wenn du eine Zahl verzehnfachst, machst du aus den Einern Zehner, du schreibst also die Zahl mit ihrer letzten Ziffer in die Zehnerstelle.

  ZE HZE
  10 · 24 = 24 · 10 = 24 Zehner = 240

- Wenn du mal 100 rechnest, machst du aus den Einern Hunderter und schreibst die Zahl in die Hunderterstelle.

  ZE T HZE
  100 · 24 = 24 · 100 = 24 Hunderter = 2 400

- Bei mal 1 000 machst du aus den Einern Tausender und schreibst die Zahl in die Tausenderstelle.

  ZE T HZE
  1 000 · 24 = 24 · 1 000 = 24 Tausender = 24 000

ZT	T	H	Z	E
			2	4
		2	4	0
	2	4	0	0
2	4	0	0	0

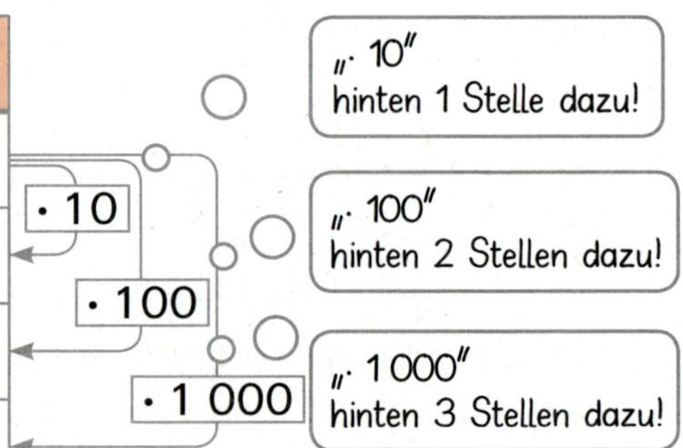

Wenn mit einer Zehnerzahl multipliziert wird, z. B. mit 30, kannst du erst mit 3 und dann mit 10 malnehmen.

$5 \cdot 30 = 5 \cdot 3 \cdot 10 = 15 \cdot 10 = 150$

Entsprechend machst du es bei Multiplikation mit Hunderterzahlen und mit Tausenderzahlen.

$8 \cdot 400 = 8 \cdot 4 \cdot 100 = 32 \cdot 100 = 3\,200$

$6 \cdot 7\,000 = 6 \cdot 7 \cdot 1\,000 = 42 \cdot 1\,000 = 42\,000$

Um die **Vielfachen von größeren Zahlen** als 10 zu bekommen, kannst du Einmaleinsreihen addieren. So bekommst du z. B. aus der 10er-Reihe und der 2er-Reihe die 12er-Reihe.

10er-Reihe		2er-Reihe		12er-Reihe
10		2		12
20		4		24
30		6		36
40		8		48
50	+	10	=	60
60		12		72
70		14		84
80		16		96
90		18		108
100		20		120

Also $9 \cdot 12 = 90 + 18 = 108$

Beim **halbschriftlichen Vervielfachen** einer zweistelligen Zahl zerlegst du die Zahl in Zehner und Einer. Dann vervielfachst du die Zehnerzahl und die Einerzahl und addierst am Schluss die beiden Ergebnisse.

$$\begin{array}{l}
\underline{7 \cdot 35 = \square} \\
7 \cdot 30 = 210 \\
7 \cdot 5 = 35
\end{array}$$

Entsprechend kannst du es beim Vervielfachen von dreistelligen Zahlen machen.

$$\begin{array}{l}
\underline{8 \cdot 214 = \square} \\
8 \cdot 200 = 1\,600 \\
8 \cdot 10 = 80 \\
8 \cdot 4 = 32
\end{array}$$

Für die **Divisionsaufgaben** kannst du mit den Multiplikationsaufgaben gleich ihre Umkehrungen lernen.

$$5 \cdot 7 = 35 \qquad 7 \cdot 5 = 35$$
$$35 : 7 = 5 \qquad 35 : 5 = 7$$

Du kannst eine Divisionsaufgabe durch Umkehren als Multiplikationsaufgabe mit **Platzhalter** schreiben.

Divisionsaufgabe: $21 : 7 = \square$

Umkehraufgabe: $\square \cdot 7 = 21$

Am meisten Fehler werden gemacht, wenn eine Zahl durch die gleiche Zahl geteilt wird und wenn 0 durch eine Zahl geteilt wird.

$5 : 5 = 1$
$0 : 5 = 0$

Ich habe 0 € an 5 Kinder verteilt. Die waren überhaupt nicht glücklich.

Divisionsaufgaben kannst du mit der Einmaleinstafel lösen.

Wie oft ist 7 in 21 enthalten?
Wie viel mal 7 gleich 21?

Wo steht 21 in der 7er-Reihe?

·	1	2	3	4	5	6	**7**	8	9	10
1							7			
2							14			
3							**21**			
4							28			

Wenn du die Einmaleinsaufgaben mit 0 weglässt, kannst du bei allen Einmaleinsaufgaben **Aufgabenfamilien** mit Multiplikations- und Divisionsaufgaben aufschreiben.

$4 \cdot 3 = 12$ $12 : 3 = 4$
$3 \cdot 4 = 12$ $12 : 4 = 3$

3 und 4 sind **Teiler** von 12

Die **Teiler** einer Zahl sind alle Zahlen, die in dieser enthalten sind.

Die Teiler von 12 sind 1, 2, 3, 4, 6, 12.

Du kannst die einstelligen Teiler einer Zahl finden, wenn du die Einmaleinsreihen suchst, in denen die Zahl als Ergebnis vorkommt.

4 kommt vor
- in der 1er-Reihe $4 \cdot 1 = 4$,
- in der 2er-Reihe $2 \cdot 2 = 4$,
- in der 4er-Reihe $1 \cdot 4 = 4$.

Wenn du eine Zahl z. B. durch 7 teilen willst, die nicht in der 7er-Reihe vorkommt, suchst du in der 7er-Reihe nach der nächstkleineren Zahl:

$26 : 7 =$ __
$21 : 7 = 3$
Also $26 : 7 = 3$ Rest 5
Oder kurz $= 3$ R 5

Wie oft ist 7 in 26 enthalten?
26 liegt zwischen 21 und 28.
26 ist 5 größer als 21,
also 3 mal **Rest 5.**

Wenn du eine Zehnerzahl z. B. durch 7 teilen willst, kannst du als Hilfsaufgabe zuerst die Zehner durch 7 teilen:

$210 : 7 =$ __ 21 Zehner : 7 = 3 Zehner
210 : 7 = 30

Wenn es einen Rest gibt, teilst du ihn durch 7.

$260 : 7 =$ __ 26 Zehner : 7 = 3 Zehner R 5 Zehner

260 : 7 = 30 R 50
50 : 7 = 7 R 1

260 : 7 = 37 R 1

Für größere Zahlen ist es wichtig, dass du **durch 10, durch 100** und **durch 1 000 teilen** kannst:

– Wenn du eine Zahl **durch 10** teilst, werden aus den Zehnern Einer.

T H**Z**E T HZ**E**
24 000 : 10 = 2 400 Zehner : 10 = 2 400

– Wenn du **durch 100** teilst, werden aus den Hundertern Einer.

T **H**ZE HZ**E**
24 000 : 100 = 240 Hunderter : 100 = 240

– Beim Teilen **durch 1 000** machst du aus den Tausendern Einer.

T HZE ZE
24 000 : 1 000 = 24 Tausender : 1 000 = 24

ZT	T	H	Z	E
2	4	0	0	0
	2	4	0	0
		2	4	0
			2	4

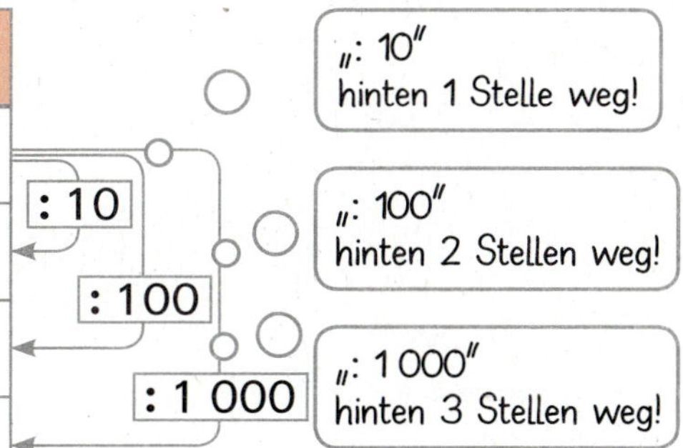

Wenn du eine Zahl durch eine Zehnerzahl teilen willst, z. B. durch 80, teilst du die Zahl zuerst durch 10 und dann durch 8.

560 : 80 = ☐

H**Z**E   Z**E**
560 : 10 = 56
56 : 8 = 7

560 : 80 = 7

Entsprechend machst du es beim Teilen durch eine Hunderterzahl.

36 000 : 400 = ☐

HZE   HZ**E**
36 **0**00 : 100 = 36**0**
360 : 4 = 90

36 000 : 400 = 90

Beim **halbschriftlichen Teilen** einer zweistelligen Zahl durch eine einstellige Zahl suchst du zuerst eine Zehnerzahl, die sich teilen lässt und teilst dann, was noch übrig bleibt.

$$\begin{array}{l}
\underline{69 : 3 = \square} \\
60 : 3 = 20 \\
9 : 3 = 3 \\
\\
69 : 3 = 23
\end{array}
\qquad\qquad
\begin{array}{l}
\underline{96 : 4 = \square} \\
80 : 4 = 20 \\
16 : 4 = 4 \\
\\
96 : 4 = 24
\end{array}$$

Wenn du eine dreistellige Zahl teilen willst, suchst du zuerst eine Hunderterzahl, die sich teilen lässt. Dann suchst du bei dem, was übrig bleibt, eine Zehnerzahl, die sich teilen lässt und teilst am Schluss, was noch übrig bleibt.

$$\begin{array}{l}
\underline{692 : 4 = \square} \\
400 : 4 = 100 \\
280 : 4 = 70 \\
12 : 4 = 3 \\
\\
692 : 4 = 173
\end{array}
\qquad\qquad
\begin{array}{l}
\underline{192 : 6 = \square} \\
180 : 6 = 30 \\
12 : 6 = 2 \\
\\
192 : 6 = 32
\end{array}$$

Wenn am Schluss ein **Rest** bleibt, schreibst du den Rest hinter das Ergebnis.

$$\begin{array}{l}
\underline{75 : 4 = \square\ \mathbf{R\,3}} \\
40 : 4 = 10 \\
32 : 4 = 8 \\
\\
75 : 4 = 18\ R\,3
\end{array}$$

Teilbarkeitsregeln

Wenn du eine Zahl durch 10, durch 2 oder durch 5 teilst, kannst du schon vor dem Teilen sehen, ob es einen Rest gibt.

Dazu musst du dir nur die Einerstelle der Zahl anschauen:

- Wenn in der Einerstelle **0** steht, ist die Zahl eine Zehnerzahl und **durch 10 teilbar.**

  3 62**0** ist eine Zehnerzahl.

- Wenn in der Einerstelle eine **gerade Ziffer** steht, ist die Zahl insgesamt gerade und damit **durch 2 teilbar.**

  ZE
  7**4** = 70 + 4

  Beides gerade!

- Wenn in der Einerstelle **0** oder **5** steht, ist es eine Fünferzahl; sie ist **durch 5 teilbar.**

  ZE
  2 79**5** = 2 790 + 5

  Beides 5er-Zahlen!

Schriftliche Multiplikation

Damit du genau siehst, welche Ziffern untereinander stehen, schreibst du am besten immer jede Ziffer in ein Kästchen.

2	0	3	·	7

Bei der **Multiplikation mit einer einstelligen Zahl** steht die einstellige Zahl, mit der vervielfacht wird, hinten als 2. Faktor. Sie wird aber zuerst gesprochen.
Der 1. Faktor wird stellenweise von rechts nach links mit dem 2. Faktor vervielfacht.
Zuerst multiplizierst du die Einer des 1. Faktors mit dem 2. Faktor. Die Einer des Ergebnisses schreibst du unter den 2. Faktor. Ist das Ergebnis zweistellig, werden die Zehner übertragen. Dann multiplizierst du die Zehner des 1. Faktors mit dem 2. Faktor, addierst den Übertrag dazu und schreibst die Einer des Ergebnisses links neben die erste Zahl usw.

Du schreibst den **Übertrag** am besten links oder rechts neben die Rechnung und streichst ihn durch, wenn du ihn addiert hast.

Du sprichst so:

	H	Z	E		
	5	3	7	·	4
2					8

4 · 7 = **28**
schreibe **8**, merke 2

	H	Z	E		
	5	3	7	·	4
1 ~~2~~				4	8

4 · 3 + 2 = **14**
schreibe **4**, merke 1

	H	Z	E		
	5	3	7	·	4
~~1~~ ~~2~~		2	1	4	8

4 · 5 + 1 = **21**
schreibe **1** und davor **2**

Bei der **Multiplikation mit einer Zehnerzahl** multiplizierst du zuerst den 1. Faktor mit der Zehnerziffer der Zehnerzahl und schreibst das Ergebnis unter die Zehnerstelle der Zehnerzahl.
In die Einerstelle schreibst du zum Schluss eine 0.

					Z	
	1	8	2	·	3	0
~~2~~			5	4	6	0

Bei der **Multiplikation mit einer zweistelligen Zahl** vervielfachst du zuerst den 1. Faktor mit der hinteren Zehnerzahl und schreibst das Ergebnis unter die Zehnerstelle des 2. Faktors.
In die Einerstelle daneben kannst du 0 schreiben.
Dann vervielfachst du den 1. Faktor mit der hinteren Einerzahl und schreibst das Ergebnis darunter unter die Einerstelle.
Zum Schluss addierst du die beiden Zahlen schriftlich.

					Z	E
	1	2	9	·	3	4
~~2~~			3	8	7	0
~~1~~ ~~3~~				5	1	6
	+		1			
			4	3	8	6

Auf die gleiche Weise kannst du mit dreistelligen oder größeren Zahlen multiplizieren. Dabei vervielfachst du den 1. Faktor schrittweise mit allen Stellen des 2. Faktors, mit der höchsten Stelle beginnend, und addierst zum Schluss die Ergebnisse.

	1	5	8	·	2	3	4
~~1~~1			3	1	6	0	0
~~1~~2				4	7	4	0
~~2~~3					6	3	2
	+			1			
			3	6	9	7	2

Wenn du eine **Kommazahl** (z. B. mit € und ct) mit einer einstelligen Zahl vervielfachen willst, kannst du sie zuerst in einen Betrag ohne Komma umwandeln.

1,39 € · 6

	1	3	9	ct	·	6	
~~2~~5				8	3	4	ct
			=	8,	3	4	€

Oder du setzt das Komma in der Rechnung an die entsprechende Stelle.

	1,	3	9	€	·	6	
~~2~~5				8,	3	4	€

Schriftliche Division

Das Verfahren der **Division durch eine einstellige Zahl** kannst du dir am besten mit einer Kasse vorstellen, in der in 3 Fächern nebeneinander 100€-Scheine, 10€-Scheine und 1€-Stücke liegen.
Zuerst werden die Hunderter verteilt, dann die Zehner, dann die Einer.
Wenn nach der Verteilung der Hunderter noch ein Rest bleibt, werden die restlichen Hunderter in Zehner umgewechselt.
Du siehst, wie viele Zehner es insgesamt sind, wenn du die Zehner von oben „herunter holst“ (am besten unterstreichst du sie dabei).
Jetzt werden die Zehner verteilt und am Schluss entsprechend die Einer.

	H	Z	E				H
	7	8	0	:	4	=	1
−	4						
	3	8					

Zuerst werden die 7 Hunderter durch 4 geteilt:
Wie oft geht 4 in 7?
1 mal, Rest 3

	H	Z	E				H	Z
	7	8	0	:	4	=	1	9
−	4							
	3	8						
−	3	6						
		2	0					

Jetzt werden die 38 Zehner durch 4 geteilt:
Wie oft geht 4 in 38?
9 mal, Rest 2

	H	Z	E				H	Z	E
	7	8	0	:	**4**	=	1	9	**5**
−	4								
	3	8							
−	3	6							
		2	0						
	−	**2**	**0**						
			0						

Zum Schluss werden die 20 Einer durch 4 geteilt: Wie oft geht 4 in 20? **5** mal, Rest 0

Wenn die erste Ziffer (z. B. in der Tausenderstelle) kleiner ist als die Zahl, durch die geteilt wird, kommt beim Ergebnis „0“ in die Tausenderstelle.
Du kannst aber auch sofort mit den Hundertern beginnen und im Beispiel die 48 Hunderter durch 6 teilen.
Wenn bei den Einern ein **Rest** bleibt (z. B. 3), schreibst du „R 3“ hinter das Ergebnis der Division.

	T	H	Z	E				T	H	Z	E		
	4	8	5	7	:	**6**	=	**0**	**8**	**0**	**9**	**R**	**3**
−	**0**												
	4	8											
−	**4**	**8**											
		0	5										
	−		**0**										
			5	7									
		−	**5**	**4**									
				3									

Wie oft geht 6 in 4?
0 mal Rest 4
Wie oft geht 6 in 48?
8 mal Rest 0
Wie oft geht 6 in 5?
0 mal Rest 5
Wie oft geht 6 in 57?
9 mal **Rest 3**

Ergebnis: **809 R 3**

Bei der **Division durch eine Zehnerzahl** gehst du bei den Stellen der vorderen Zahl so weit, bis die vordere Zahl nicht mehr kleiner ist als die hintere, im Beispiel: 485. Du teilst also zuerst 485 Zehner durch 60.

	T	H	Z	E					Z	E			
	4	8	5	7	:	**6**	**0**	=	**8**	**0**	R	5	7
−	**4**	**8**	**0**										
			5	7									
		−		**0**									
			5	7									

Wie oft geht 60 in 485?
8 mal Rest 5
Wie oft geht 60 in 57?
0 mal Rest 57

Wenn du eine **Kommazahl** (z. B. mit € und ct) durch eine einstellige Zahl teilen willst, kannst du sie zuerst in Cent umwandeln.

42,75 € : 3 = 4 275 ct : 3 = 1 425 ct =14,25 €

Oder du setzt das Komma im Ergebnis nach der Einerstelle der €.

	€							€		
5	6,	2	5	:	3	=	1	8,	7	5
3										
2	6									
2	4									
	2	2								
	2	1								
		1	5							
		1	5							
			0							

Tätigkeiten

Manche Aufgaben kannst du durch **Probieren** lösen.
Du beginnst zuerst mit irgendeiner Zahl und schaust dann,
- ob das Ergebnis damit zu groß oder zu klein wird,
- ob du nahe oder weit weg von der Lösung bist.

Löse das Zauberdreieck durch Probieren!

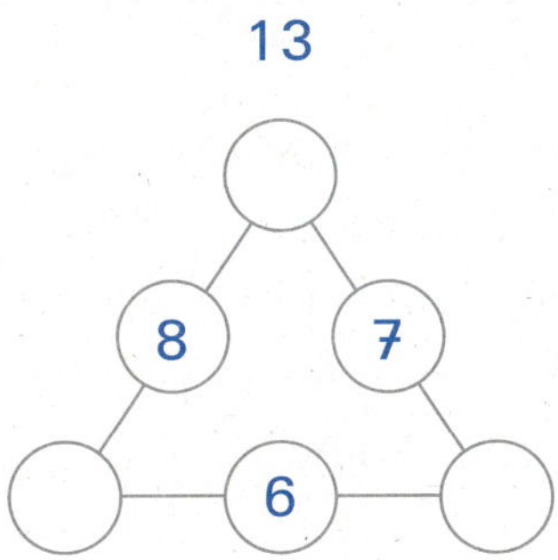

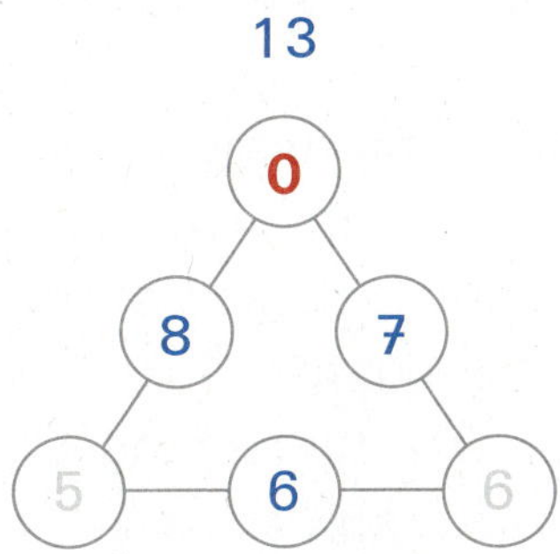

unten zu groß

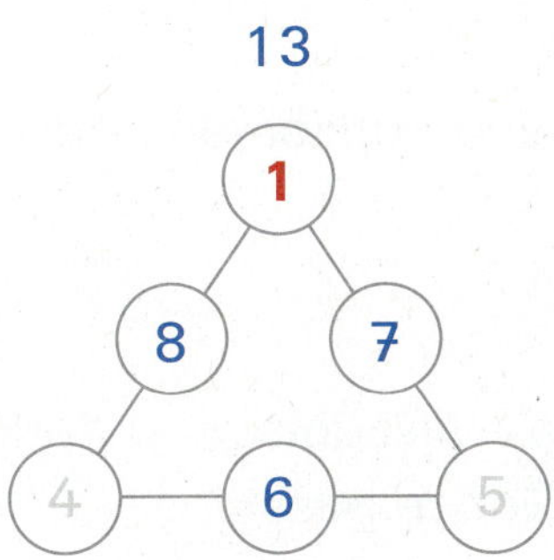

unten zu groß

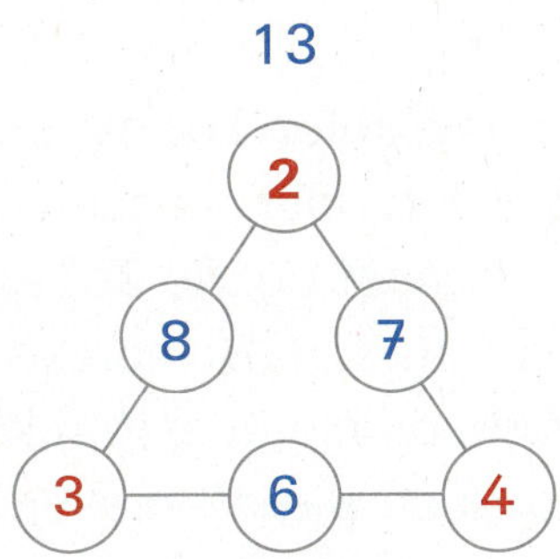

passt!

Wenn du eine Aufgabe fertig gerechnet hast, kannst du sie **kontrollieren,** z. B.

- indem du schaust, ob du die Aufgabe richtig abgeschrieben hast,
- indem du die Umkehraufgabe rechnest **(Probe).**

$906 : 3 = 32$

Probe: $32 \cdot 3 = 96$

Also ist das Divisionsergebnis falsch.

Wenn du nur ungefähr wissen willst, wie groß das Ergebnis einer Rechnung ist, kannst du **überschlagen;** das heißt, du rundest die Zahlen so, dass du leicht damit im Kopf rechnen kannst.
Mit einem Überschlag kannst du auch deine Rechnungen kontrollieren.

Wie viele Stunden hat ein Jahr ungefähr?

$365 \cdot 24 \approx 400 \cdot 20 = 8\,000$

Manche Zahlen kannst du nicht genau abzählen oder berechnen oder messen.
Dann kannst du die Zahl **schätzen.**
Dabei hilft zum Beispiel,

- wenn du sie in einem kleinen Teil auszählst und dann schaust, wie oft dieser Teil ins Ganze passt,
- wenn du mit bekannten Größen vergleichst,
- wenn du überlegst,
  - wie viel es mindestens sein muss,
  - wie viel es höchstens sein kann.

Mit Zahlen kannst du **experimentieren** und Entdeckungen machen:

- Du kannst die **Quersumme** berechnen, indem du alle Ziffern einer Zahl addierst, und dann in der Hundertertafel (siehe Material S. 161) suchen, wo andere Zahlen mit der gleichen Quersumme stehen.

Hier sind alle Zahlen mit der **Quersumme** 5 blau gefärbt.
Wo findest du dieZahlen mit der Quersumme 9?
Was für Zahlen sind das?

1	2	3	4	5	6	7	8	9	10
11	12	13	14	15	16	17	18	19	20
21	22	23	24	25	26	27	28	29	30
31	32	33	34	35	36	37	38	39	40
41	42	43	44	45	46	47	48	49	50
51	52	53	54	55	56	57	58	59	60
61	62	63	64	65	66	67	68	69	70
71	72	73	74	75	76	77	78	79	80
81	82	83	84	85	86	87	88	89	90
91	92	93	94	95	96	97	98	99	100

– Du kannst knobeln und versuchen, möglichst viele Lösungen zu finden.

Suche verschiedene Möglichkeiten, wie du mit 3 Würfeln die Augensumme 8 würfeln kannst.

$6 + 1 + 1$, $5 + 2 + 1$, ...

– Du kannst versuchen, bei einer Zahlenfolge eine Regel zu finden und sie dann fortzusetzen.

3, 6, 4, 8, 6, 12, 10, ...

– Ihr könnt eine Rechenwerkstatt mit besonderen drei- oder vierstelligen Zahlen machen:

- EDE-Zahlen, z. B 212 und 121
- AAL-Zahlen, z. B. 226 und 662
- MOMO-Zahlen, z. B. 4646 und 6464
- ANNA-Zahlen, z. B. 3113 und 1331
- PIPPI-Zahlen z. B. 53553 und 35335

Bei welchen EDE-Zahlen ist das Doppelte wieder eine EDE-Zahl und bei welchen nicht?
Untersuche es genau so bei den AAL-, bei den ANNA- und bei den PIPPI-Zahlen.
Addiere zwei zusammengehörige PIPPI-Zahlen. Wann sind in der Summe alle Ziffern gleich und wann nicht?

– Du kannst mit Rechenmauern rechnen (siehe S. 153) oder mit Zauberdreiecken oder Zauberquadraten (siehe S. 155 und S. 156).

Wie viele verschiedene Mauern kannst du bauen?

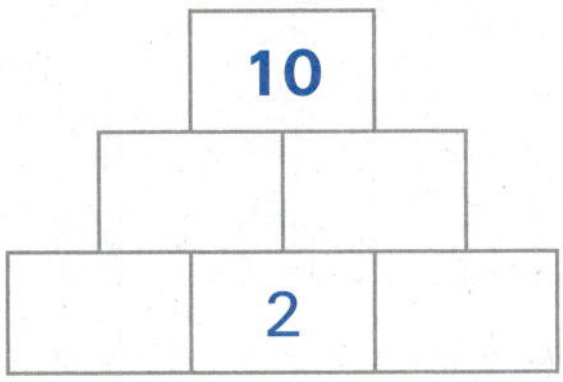

Du kannst **Zahlenrätsel lösen.**

Ich nehme von meiner Zahl die Hälfte und multipliziere sie mit 9. Als Ergebnis erhalte ich 2 943.

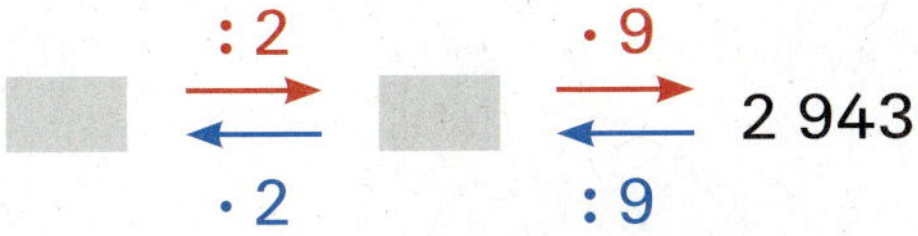

Du kannst **spielen** und dabei das Rechnen üben.

Zwei Mitspieler. Jeder würfelt 6-mal und darf daraus zwei dreistellige Zahlen bilden. Wer die höchste Summe hat, hat gewonnen.

	H	Z	E
+			

Du kannst mit **Taschenrechnern** rechnen, z. B.
- um deine Rechnungen zu kontrollieren,
- um besondere Zahlen oder Gesetzmäßigkeiten herauszufinden.

1 x 8 + 1 = ☐

12 x 8 + 2 = ☐

123 x 8 + 3 = ☐

1234 x 8 + 4 = ☐

Größen und Sachrechnen

Größen

Geld

Bei unserem Geld gibt es zwei verschiedene Einheiten:

- **Cent** (ct) bei den kleinen Münzen
  (1 ct, 2 ct, 5 ct, 10 ct, 20 ct, 50 ct),

- **Euro** (€) bei den großen Münzen (1 €, 2 €) und bei
  den Geldscheinen (5 €, 10 €, 20 €, 50 €, 100 €, 200 €,
  500 €).

Münzen und Scheine kannst du wechseln.

100 Cent ist gleich 1 Euro: 100 ct = 1 €

Geldbeträge mit Euro und Cent kannst du auch mit **Komma (,)** schreiben:
- vor dem Komma stehen die Euro,
- nach dem Komma die Cent in zwei Stellen,
- das €-Zeichen schreibst du an das Ende.

1	3	4

134 Cent = 1 € 34 ct = 1,34 €

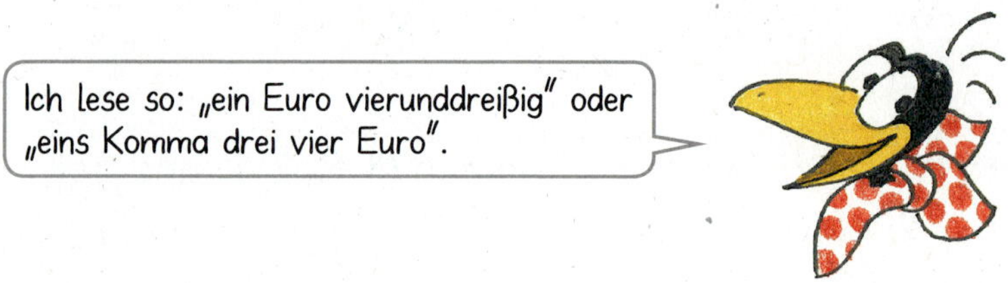

Wenn es weniger als 1 € ist, schreibst du eine „0" vor das Komma.

0	3	0
0	0	4

30 ct = 0,30 €
4 ct = 0,04 €

Wenn du Geldbeträge in eine **Stellenwerttafel** einträgst, siehst du leichter, wie du Geld wechseln und Geldbeträge umwandeln kannst.

100 €	10 €	**1 €**	10 ct	**1 ct**
3	0	0	0	0

300,00 € = 3 100€-Scheine
= 30 10€-Scheine
= 300 1€-Münzen
= 3 000 10ct-Münzen
= 30 000 1ct-Münzen

Beim Bezahlen musst du den Geldbetrag mit Scheinen und Münzen legen können oder einen größeren Betrag geben. Wenn du mit einem größeren Schein bezahlst, bekommst du etwas zurück.
Kontrolliere dann, ob das **Rückgeld** stimmt.

Timo hat für 15,70 € eingekauft. Er zahlt mit einem 50-Euro-Schein. Wie viel Geld bekommt er zurück?

15,70 € ⟶ 16 € ⟶ 20 € ⟶ 30 € ⟶ 50 €

Er bekommt 34,30 € zurück.

Alle Geldbeträge über 1 ct kannst du mit verschiedenen Scheinen und Münzen bezahlen.

5 € = 2 € + 2 € + 1 €

= 2 € + 1 € + 1 € + 1 €

= 1 € + 1 € + 1 € + 1 € + 50 ct + 50 ct

= ...

Zeit

Für das **Datum** musst du den **Kalender** lesen können.

2009

JANUAR

Mo	Di	Mi	Do	Fr	Sa	So
			1	2	3	4
5	6	7	8	9	10	11
12	13	14	15	16	17	18
19	20	21	22	23	24	25
26	27	28	29	30	31	

FEBRUAR

Mo	Di	Mi	Do	Fr	Sa	So
						1
2	3	4	5	6	7	8
9	10	11	12	13	14	15
16	17	18	19	20	21	22
23	24	25	26	27	28	

MÄRZ

Mo	Di	Mi	Do	Fr	Sa	So
						1
2	3	4	5	6	7	8
9	10	11	12	13	14	15
16	17	18	19	20	21	22
23	24	25	26	27	28	29
30	31					

APRIL

Mo	Di	Mi	Do	Fr	Sa	So
		1	2	3	4	5
6	7	8	9	10	11	12
13	14	15	16	17	18	19
20	21	22	23	24	25	26
27	28	29	30			

MAI

Mo	Di	Mi	Do	Fr	Sa	So
				1	2	3
4	5	6	7	8	9	10
11	12	13	14	15	16	17
18	19	20	21	22	23	24
25	26	27	28	29	30	31

JUNI

Mo	Di	Mi	Do	Fr	Sa	So
1	2	3	4	5	6	7
8	9	10	11	12	13	14
15	16	17	18	19	20	21
22	23	24	25	26	27	28
29	30					

JULI

Mo	Di	Mi	Do	Fr	Sa	So
		1	2	3	4	5
6	7	8	9	10	11	12
13	14	15	16	17	18	19
20	21	22	23	24	25	26
27	28	29	30	31		

AUGUST

Mo	Di	Mi	Do	Fr	Sa	So
					1	2
3	4	5	6	7	8	9
10	11	12	13	14	15	16
17	18	19	20	21	22	23
24	25	26	27	28	29	30
31						

SEPTEMBER

Mo	Di	Mi	Do	Fr	Sa	So
	1	2	3	4	5	6
7	8	9	10	11	12	13
14	15	16	17	18	19	20
21	22	23	24	25	26	27
28	29	30				

OKTOBER

Mo	Di	Mi	Do	Fr	Sa	So
			1	2	3	4
5	6	7	8	9	10	11
12	13	14	15	16	17	18
19	20	21	22	23	24	25
26	27	28	29	30	31	

NOVEMBER

Mo	Di	Mi	Do	Fr	Sa	So
						1
2	3	4	5	6	7	8
9	10	11	12	13	14	15
16	17	18	19	20	21	22
23	24	25	26	27	28	29
30						

DEZEMBER

Mo	Di	Mi	Do	Fr	Sa	So
	1	2	3	4	5	6
7	8	9	10	11	12	13
14	15	16	17	18	19	20
21	22	23	24	25	26	27
28	29	30	31			

Dafür musst du wissen:

– die Anzahl der **Wochentage,** ihre Namen und die Reihenfolge;

7 Wochentage:
Montag, **Di**enstag, **Mi**ttwoch, **Do**nnerstag,
Freitag, **Sa**mstag, **So**nntag

- die Anzahl der **Monate,** ihre Nummer, ihre Namen und die Reihenfolge, sowie ihre Länge (wie viele Tage),

  12 Monate:
  1. Januar, 2. Februar, 3. März, 4. April, 5. Mai, 6. Juni, 7. Juli, 8. August, 9. September, 10. Oktober, 11. November, 12. Dezember

- die Länge des **Jahr**es: 365 Tage (jedes vierte Jahr ist Schaltjahr mit 366 Tagen), ungefähr 52 Wochen; 12 Monate.

Für die **Uhrzeit** musst du die **Uhr** lesen können. Du siehst
- die **Stunden** bei dem kleinen Zeiger,
- die **Minuten** bei dem großen Zeiger.

Auf der Zeigeruhr siehst du am Rand
- 60 Striche für den Minutenzeiger,
- 12 größere Striche für den Stundenzeiger.

Die Zeigeruhr fängt in der zweiten Tageshälfte nach 12 Uhr wieder von vorne an.
Die Digitaluhr zeigt in der zweiten Tageshälfte Uhrzeiten zwischen 12 Uhr und 24 Uhr.

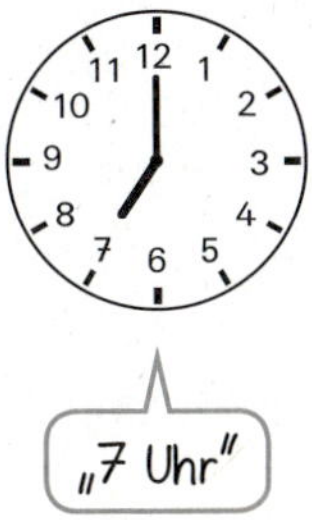

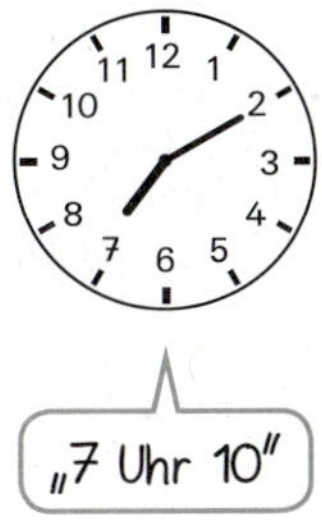

7:00 | 19:00 | 7:10 | 19:10

Für die gleiche Uhrzeit gibt es verschiedene Ausdrucksmöglichkeiten.

Auf der Uhr kannst du **Zeitpunkte** ablesen.
Zwischen verschiedenen Zeitpunkten kannst du die **Zeitdauer** (oder Zeitspanne) berechnen.

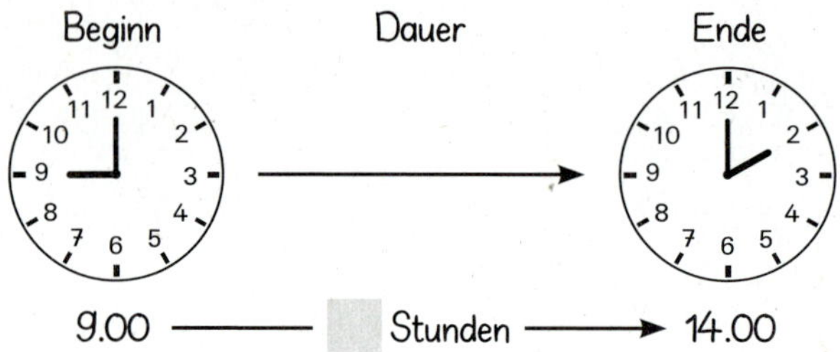

Bei der Zeitdauer rechnest du mit **Stunden** (Abkürzung: **h**), **Minuten** (Abkürzung: **min**) und **Sekunden** (Abkürzung: **s**).

Jede Stunde hat 60 Minuten. 1 h = 60 min

Jede Minute hat 60 Sekunden. 1 min = 60 s

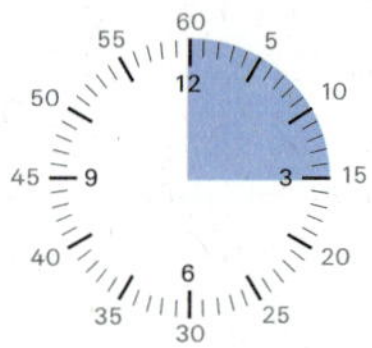

$\frac{1}{4}$ h = 15 min
eine viertel Stunde

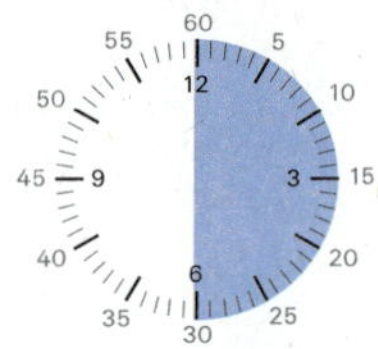

$\frac{1}{2}$ h = 30 min
eine halbe Stunde

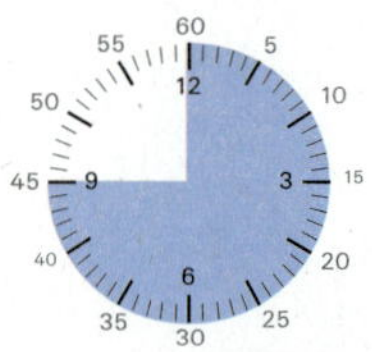

$\frac{3}{4}$ h = 45 min
eine drei viertel Stunde

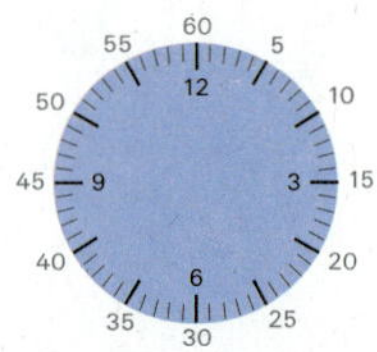

1 h = 60 min
eine Stunde

Bei der **Zeitrechnung** ist die besondere Schwierigkeit, dass der Übergang über die volle Stunde nicht bei 100 Minuten liegt, sondern bei 60 Minuten, und der Übergang auf den neuen Tag bei 24 Uhr.

Bei Zeitrechnungen kann gesucht sein
- die Zeitdauer,
- der Endzeitpunkt,
- der Anfangszeitpunkt.

	Beginn	Dauer	Ende
Schule	8.00 Uhr	5 Stunden	
Spielen	14.00 Uhr		15.00 Uhr
Wanderung		3 Stunden	18.30 Uhr

Bei Zeitrechnungen kann die **Darstellung mit Pfeil** eine Hilfe sein.

Bei schwierigen Rechnungen mit Übergang über die volle Stunde kannst du auch Zwischenzeiten einbauen und zuerst die Zeit bis zur vollen Stunde rechnen und dann von dort weiter.

07.15 —— ☐ h ☐ min ——→ 09.05

07.15 —— 45 min ——→ 08.00 —— 1 h ——→ 09.00 —— 5 min ——→ 09.05

Insgesamt 1 h 50 min.

Die Darstellung mit Pfeil kannst du auch verwenden, um die Fahrzeit von Zügen zu berechnen, wenn du im **Fahrplan** die Abfahrts- und Ankunftszeit abgelesen hast.

Uhrzeiten oder Jahreszahlen kannst du auf der **Zeitleiste** veranschaulichen. Dabei kannst du Zwischenzeiten einzeichnen und so einfacher rechnen.

1969 landeten die ersten Menschen auf dem Mond.
2004 landete der erste Roboter auf dem Mars.
Wie viele Jahre lagen dazwischen?

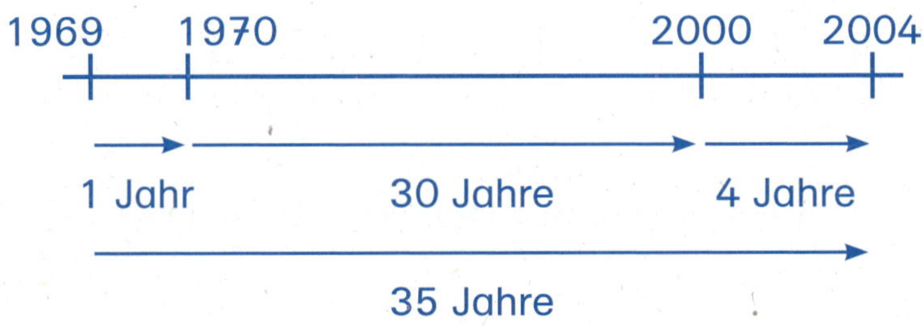

Längen

Um die Länge eines Gegenstandes mit anderen zu vergleichen, kannst du den Gegenstand **messen:**
Du legst ein Maßband oder ein Lineal daneben und liest darauf ab, wie viele **Meter** (Abkürzung: **m**) und wie viele **Zentimeter** (Abkürzung: **cm**) es sind.

Die wichtigsten **Maßeinheiten** sind:

Kilometer (km): 1 km = 1 000 m

Meter (m): 1 m = 100 cm

Zentimeter (cm): 1 cm = 10 mm

Millimeter (mm): 1 mm

Größen und Sachrechnen

Kilometer kommen bei Entfernungen vor, du kannst sie z. B. mit dem Kilometerzähler messen,

Meter kannst du mit dem Maßband messen;

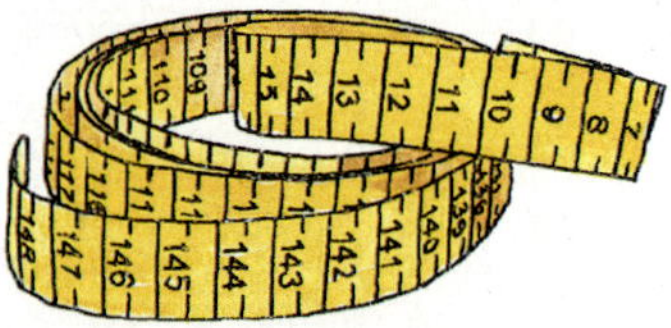

Zentimeter und Millimeter misst du mit Lineal oder Geodreieck (siehe Werkzeuge S. 168).

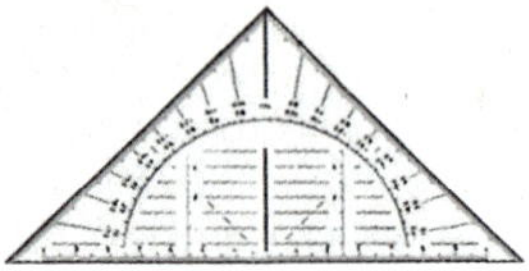

Längen mit km und m kannst du auch mit **Komma** schreiben:
- vor dem Komma stehen die km,
- nach dem Komma die m in 3 Stellen,
- km schreibst du an das Ende.

3 125 m = 3 km 125 m = 3,125 km

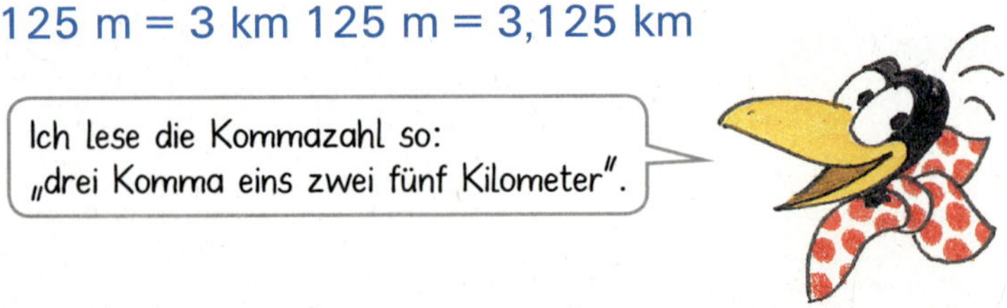

Wenn es weniger als 1 km ist, schreibst du eine „0“ vor das Komma.

500 m = 0,500 km = 0,5 km = $\frac{1}{2}$ km („ein halber Kilometer“)

200 m = 0,200 km = 0,2 km

5 m = 0,005 km

Längen mit m und cm kannst du ebenfalls mit **Komma** schreiben:

- vor dem Komma stehen die m,
- nach dem Komma die cm in 2 Stellen,
- m schreibst du an das Ende.

148 cm = 1 m 48 cm = 1,48 m

Wenn es weniger als 1 m ist, schreibst du eine „0“ vor das Komma.

50 cm = 0,50 m = 0,5 m = $\frac{1}{2}$ m („ein halber Meter“)

25 cm = 0,25 m = $\frac{1}{4}$ m („ein viertel Meter“)

5 cm = 0,05 m

Die Beziehungen zwischen diesen Maßeinheiten siehst du in der **Stellenwerttafel.**
Wenn du die Längenangaben in die passenden Stellen schreibst, hast du eine Hilfe beim **Umwandeln** in die anderen Maßeinheiten.

1 km	100 m	10 m	**1 m**	10 cm	**1 cm**
4	2	0	0		
		1	8	7	5

4 , 200 km
= 4 200 m

18 , 75 m
= 1 8 7 5 cm

Wenn du die Länge nur ungefähr wissen willst, kannst du sie **schätzen.** Dabei helfen Vergleichsgrößen wie Fingerbreite, Handbreite, Fußlänge, Schrittlänge, Türbreite, Zimmerhöhe.

Sehr große und sehr kleine Dinge können oft nicht in ihrer wirklichen Größe dargestellt werden. Sie werden verkleinert bzw. vergrößert.
Dafür gibt es den **Maßstab.**

Verkleinerung: Der Maßstab 1:100 (lies: „1 zu 100“) bedeutet, dass in Wirklichkeit alles 100-mal so groß ist wie auf dem Bild.
1 cm auf dem Bild sind 100 cm = 1 m in Wirklichkeit.
Solche Maßstäbe findest du z. B. bei Bildern oder Plänen oder Landkarten.

Vergrößerung: Der Maßstab 10:1 (lies: „10 zu 1“) sagt, dass auf dem Bild alles 10-mal so groß ist wie in Wirklichkeit, 10 cm auf dem Bild sind also 1 cm in Wirklichkeit.

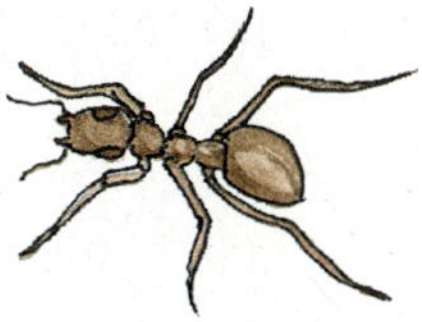

Gewichte / Masse

Um das Gewicht zweier Gegenstände miteinander zu vergleichen, kannst du sie **wiegen:**
Du legst einen Gegenstand auf die Waage und schaust, wie viele Gramm-Gewichtsstücke genauso schwer sind; so kannst du sehen, wie viel **Gramm** (Abkürzung: **g**) der Gegenstand wiegt.

Für schwerere Gegenstände gibt es die Maßeinheit **Kilogramm (kg).**
1 kg = 1000 g

Gewichte mit kg und g kannst du auch mit **Komma** schreiben:
- vor dem Komma stehen die kg,
- nach dem Komma die g in 3 Stellen,
- kg schreibst du an das Ende.

1500 g = 1 kg 500 g = 1,500 kg = 1,5 kg

Wenn es weniger als 1 kg ist, schreibst du eine „0" vor das Komma.

750 g = 0,750 kg = $\frac{3}{4}$ kg („drei viertel Kilogramm")

500 g = 0,500 kg = $\frac{1}{2}$ kg („ein halbes Kilogramm")

250 g = 0,250 kg = $\frac{1}{4}$ kg („ein viertel Kilogramm")

5 g = 0,005 kg

Für noch schwerere Gegenstände gibt es die Maßeinheit **Tonne (t).**
1 t = 1000 kg

Gewichte mit t und kg kannst du ebenfalls mit **Komma** schreiben.
Die Beziehungen zwischen diesen Maßeinheiten siehst du in der **Stellenwerttafel.**
Wenn du die Gewichtsangaben in die entsprechenden Stellen schreibst, hast du eine Hilfe beim **Umwandeln** in andere Maßeinheiten.

1 t	100 kg	10 kg	**1 kg**	100 g	10 g	**1 g**
4	2	0	0			
			8	7	5	0

4 , 2 t
= 4 , 200 t
= 4 200 kg

8 , 750 kg
= 8 750 g

Für das **Schätzen** von Gewichten ist es gut, wenn du die Gewichte von einigen Vergleichsgrößen kennst, die ungefähr den Maßeinheiten entsprechen.

PKW	Moped	Renn-rad	**Tüte Mehl**	Tafel Scho-kolade	2 Blatt Papier	**Geld-schein**
1 t	100 kg	10 kg	**1 kg**	100 g	10 g	**1 g**

Wie schwer ist die Schultasche?
Schwerer als eine Tüte Mehl und leichter als ein Rennrad, also zwischen 1 kg und 10 kg.

Rauminhalte / Hohlmaße

Um verschiedene Gefäße miteinander zu vergleichen, kannst du den **Inhalt** eines Gefäßes **messen:**
Vergleiche ihn mit einem Gefäß, das 1 **Liter** fasst (Abkürzung: **l**) und schau, wie oft dieser Inhalt hineinpasst.

Für kleinere Gefäße gibt es die Maßeinheit **Milliliter (ml).**
1 l = 1000 ml
Rauminhalte mit l und ml kannst du auch mit **Komma** schreiben:
- vor dem Komma stehen die l,
- nach dem Komma die ml in 3 Stellen,
- l schreibst du an das Ende.

2 500 ml = 2 l 500 ml = 2,500 l = 2,5 l

Wenn es weniger als 1 l ist, schreibst du eine „0“ vor das Komma.

750 ml = 0,750 l = 0,75 l = $\frac{3}{4}$ l („drei viertel Liter“)

500 ml = 0,500 l = 0,5 l = $\frac{1}{2}$ l („ein halber Liter“)

250 ml = 0,250 l = 0,25 l = $\frac{1}{4}$ l („ein viertel Liter“)

10 ml = 0,010 l = 0,01 l

Die Beziehungen zwischen diesen Maßeinheiten siehst du in der **Stellenwerttafel.**
Wenn du die Rauminhalte in die entsprechenden Stellen schreibst, hast du eine Hilfe beim **Umwandeln** in die andere Einheit.

10 l	**1 l**	100 ml	10 ml	**1 ml**
1	2	5	0	0
	0	3	8	0

12 , 500 l = 12 500 ml
0 , 380 l = 380 ml

Für das **Schätzen** von Inhalten ist es gut, wenn du die Rauminhalte von einigen Vergleichsgefäßen kennst, die ungefähr den Maßeinheiten entsprechen.

großer Eimer 10 l	**1 l Milch** **1 l**	kleine Tasse 100 ml	Esslöffel 10 ml	**kleiner Teelöffel** **1 ml**

Sachrechnen

Sachaufgaben

Bei den **Sachaufgaben** werden kleine Rechengeschichten aus dem täglichen Leben, z. B. Einkaufsgeschichten, durch Bilder oder Texte erzählt.
Am Ende der Rechengeschichte steht oft eine Frage, die du beantworten sollst.

Auf dem Weg sind 12 Kinder.
4 Kinder gehen voraus.

Wie viele Kinder stehen bei der Lehrerin?

12 − 4 =

Bei der Lehrerin stehen
 Kinder.

Manchmal ist keine Frage gegeben, sondern du musst selber eine passende Frage finden.

Marvin kauft eine Badehose für 8,50 €.
Er bezahlt mit 10 €.

Dabei lernst du, Fragen zu stellen und Antwortsätze zu formulieren.

Frage: Wie viel Geld bekommt Marvin zurück?
Antwort: Er bekommt 1,50 € zurück.

Die Bearbeitung von Sachaufgaben kannst du in einem **Schema** aufschreiben:

- fragen,
- rechnen,
- antworten.

Leon möchte einen Sattel und ein Fahrradschloss kaufen. Er hat 25 €.

fragen:	Reicht das Geld?
rechnen:	18 € + 8 € = ___ €
	25 € < ___ €
antworten:	Das Geld ___ .

Bei **Schlussrechnungen** wird von der Einheit auf die Vielheit oder umgekehrt von der Vielheit auf die Einheit geschlossen:

- Beim Schluss auf die Vielheit ist der Wert der Einheit bekannt, zu berechnen ist der Wert für eine größere Anzahl (Multiplikation).

Wie viel Abfall produzieren 1000 Personen durchschnittlich an einem Tag?

- Beim Schluss auf die Einheit ist der Wert einer größeren Anzahl bekannt, zu berechnen ist der Wert der Einheit (Division).

Jule kauft 7 Blumen für 4,55 €.
Wie viel kostet eine Blume?

Bei **mehrschrittigen Aufgaben** kommen mehrere Rechenoperationen vor, z. B. Multiplikationen und Additionen.

Familie Berger plant 7 Tage Urlaub auf dem Reiterhof.
Wie viel kostet es insgesamt?

	pro Tag	Tage	gesamt
Ferienwohnung	43 €	7	
Reitstunden Kinder	35,20 €	7	
Reitstunden Eltern	23,60 €	7	
Verpflegung	30 €	7	
Endreinigung	-	-	21,50 €

Viele Probleme sind nicht als Aufgaben formuliert.
Dort musst du dir selbst zu einem Bild, einem Text usw. passende Rechengeschichten ausdenken oder eine passende Frage finden.
Dazu können dir folgende Schritte helfen:

- *Informationen* in Texten, Bildern oder anderen Darstellungen *finden,*

– zu gegebenen Informationen passende *Fragen finden,*

Helen kauft Blumen für 8,90 €.
Sie bezahlt mit 20 €.

– *Informationen kombinieren,*

Max sieht von seinem Zimmer aus einen Blitz am Himmel. Zwei Sekunden später hört er den Donner. Er überlegt, wie weit der Blitz von ihm entfernt war.

Schallgeschwindigkeit: 333 Meter in einer Sekunde

– *neue Lösungsmethoden* für bisher noch nicht bekannte Arten von Aufgaben ausdenken,

Auf dem Bauernhof laufen Hühner und Schafe frei herum. Trax schaut durch einen Schlitz im Zaun und zählt 44 Beine.
Der Bauer sagt, er hat 5 Schafe mehr als Hühner.
Wie viele Hühner und wie viele Schafe sind es?

Hühner	Schafe	Beine
1	6	26
2	7	32
3	8	38
4	9	44

– *überschlagen und abschätzen,* ob das Ergebnis stimmen kann,

- in einem *Projekt* selber Informationen sammeln, darstellen und auswerten.

Gewicht:	70 kg
Größe:	160 cm
Alter:	20 Jahre
Geschwindigkeit:	88 km/h

Alle Zahlen geben die Höchstwerte an.

Versuche, möglichst viel über das Känguru herauszufinden.

Wichtig ist, dass du unsinnige Aufgaben erkennen lernst **(Kapitänsaufgaben).** Hier kannst du die Aufgabe nicht lösen, weil dir Angaben fehlen oder sie nichts mit der Frage zu tun haben.

Ein Schiff ist 50 m lang und 15 m breit.
Wie alt ist der Kapitän?

Tipps zum Lösen von Sachaufgaben findest du auf Seite 109 und auf Seite 141.

Tabellen, Diagramme, Skizzen

Bei Sachaufgaben musst du *Informationen finden,* oft nicht nur im Text, sondern auch in Tabellen oder in Diagrammen.

Bei **Tabellen** musst du zuerst genau lesen:
- die Überschrift,
- die linke Spalte,
- die oberste Zeile.

Die Zahlen in der Tabelle kannst du auf verschiedene Weise lesen:
- von links nach rechts in jeder Zeile und
- von oben nach unten in jeder Spalte.

Zuschauer bei Heimspielen

Monat	Wochenende			
	1.	2.	3.	4.
Februar	175	289	205	314
März	187	438	221	79
April	214	153	372	209
Mai	196	213	284	252
Juni	228	198	329	129

In **Diagrammen** kannst du sehen, wie groß die Zahlen sind (z. B. die Anzahl von Personen) und sie so leichter miteinander vergleichen.

Die Größe der Zahlen siehst du

- in der Strichliste durch Striche nebeneinander (der 5. Strich geht immer schräg durch 4 Striche, damit Fünferpäckchen entstehen),

Strichliste

- im Blockbild durch Kästchen übereinander,

Blockbild

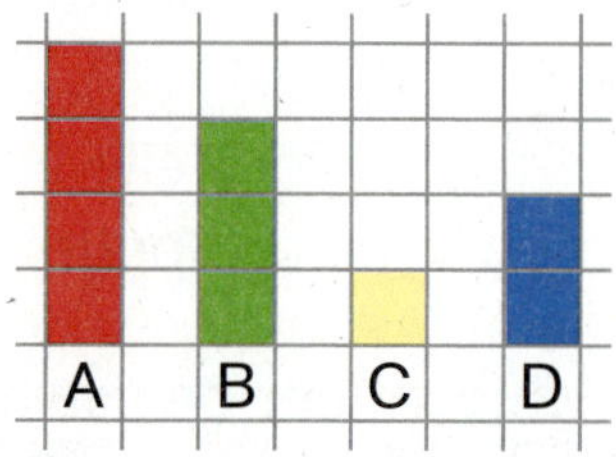

- im Streifendiagramm durch Kästchen nebeneinander.

Streifen-diagramm

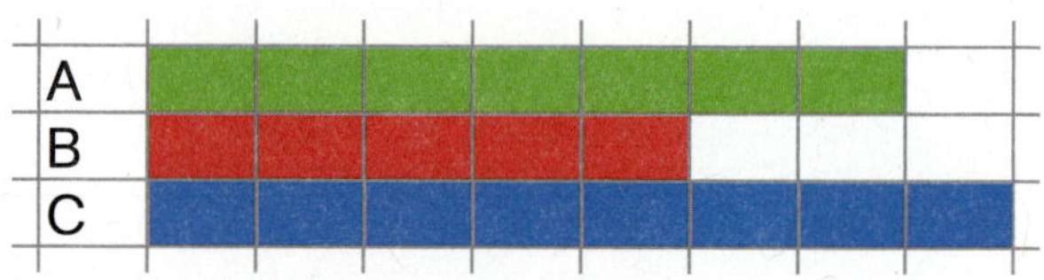

Bei größeren Anzahlen kannst du auch 1 Kästchen z. B. für 10 oder für 100 Personen nehmen.

Eine *Hilfe für die Lösung* von Sachaufgaben kann sein, dass du selber eine Tabelle aufstellst oder eine einfache Skizze zeichnest.

Eine **Tabelle** ist als *Lösungshilfe* sinnvoll, wenn zwei verschiedene Größen vorkommen, z. B. € und kg oder km und h.
Am besten schreibst du die gesuchte Größe in die rechte Spalte.

Mein Reitpferd
Es braucht täglich 3 kg Hafer.
100 kg kosten 12 €.
Wie viel € sind das täglich?

€ gesucht

kg	€
100	12
1	0,12
3	0,12 · 3 =

In einer **Skizze** kannst du die gegebenen und gesuchten Größen durch Strecken oder durch Pfeile darstellen.

Den Blitz kannst du sofort sehen. Der Schall des Donners bewegt sich mit 333 m in jeder Sekunde durch die Luft. Wie weit ist der Blitz entfernt, wenn du den Donner erst 3 s später hörst?

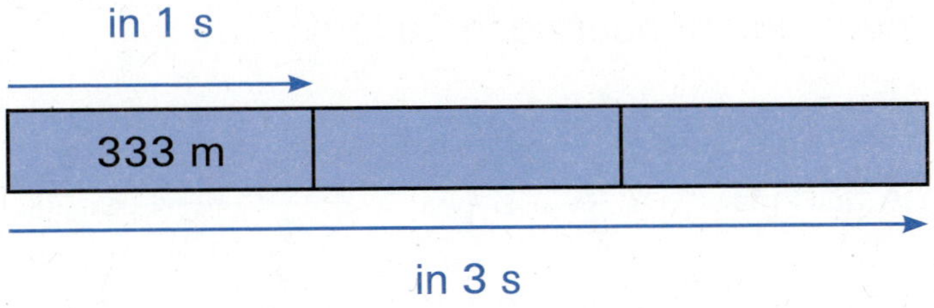

Figuren und Zeichnen

Geometrie in der Ebene

Lagebeziehungen

Damit du dich besser in deiner Umgebung zurecht findest, brauchst du die Begriffe **oben** und **unten** sowie **links** und **rechts.** Die Begriffe links und rechts sind ziemlich schwierig, da sie von der Sicht der Personen abhängen.

Im **Gitternetz** kannst du mit Richtungspfeilen angeben, wie du von einem Punkt zu einem anderen Punkt kommst:

→ nach rechts (oder nach Osten)
← nach links (oder nach Westen)
↑ nach oben (oder nach Norden)
↓ nach unten (oder nach Süden).

von A nach B: 4 → 2 ↑

von B nach A: 4 ← 2 ↓

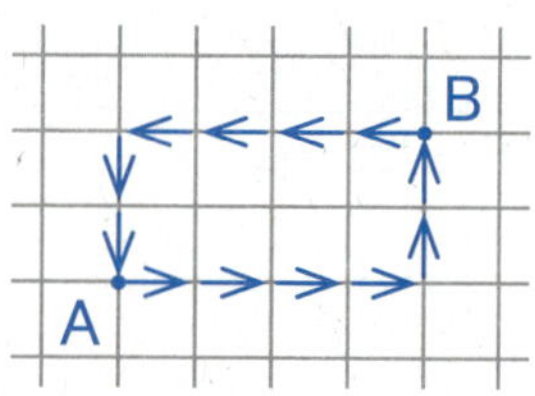

Diese Fähigkeit brauchst du auch
- auf dem Zahlenstrahl (nach links und nach rechts),

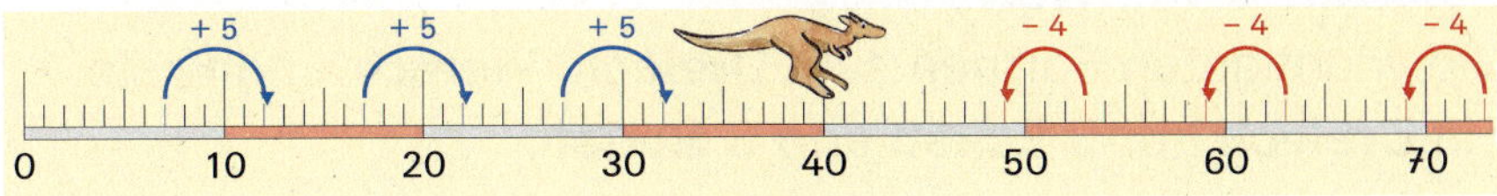

- auf der Hundertertafel (siehe S. 161), wenn du z. B. 2 Felder nach oben und 4 nach rechts gehst.

1	2	3	4	5	6	7	8	9	10
11	12	13	14	15	16	17	18	19	20
21	22	23	24	25	26	27	28	29	30
31	32	33	34	35	36	37	38		
41	42	43	44	45	46				
51	52								

$34 - 20 + 4 =$ ____

Ich springe von 34 aus 2 Felder nach oben, dann 4 Felder nach rechts und lande auf der 18.

Auf **Stadtplänen** siehst du auch ein Gitternetz. Wenn du eine Straße suchst, bei der z. B. C4 steht, gehst du nach rechts in die Spalte C und dann nach unten in die Zeile 4.

Gartenstraße
C4

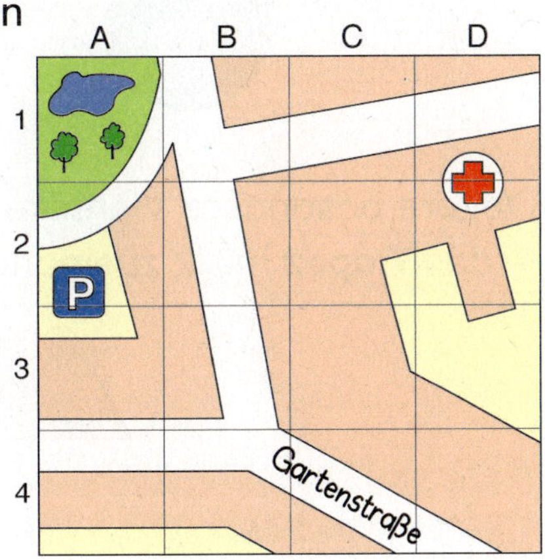

Formen und Figuren

Formen erkennen

Die wichtigsten Formen sind **Dreieck, Viereck** und **Kreis.**
Ein **Dreieck** hat 3 **Ecken** und 3 **Seiten.**

Dreieck:

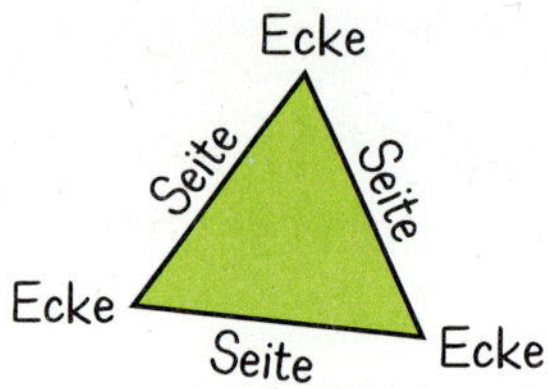

Ein **Viereck** hat 4 Ecken und 4 Seiten.
Das **Rechteck** ist ein Viereck mit 4 rechten Winkeln.
Ein besonderes Rechteck ist das **Quadrat.** Bei ihm sind alle Seiten gleich lang.

Vierecke:

Kreis:

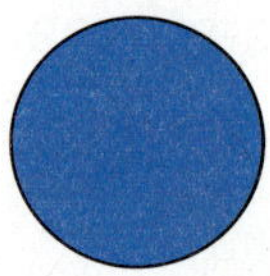

Weitere besondere Vierecke sind
- das **Trapez** mit 2 zueinander parallelen Seiten,

- das **Parallelogramm,** bei dem die gegenüberliegenden Seiten parallel und gleich lang sind,

- die **Raute** mit 4 gleich langen Seiten, wobei die gegenüberliegenden Seiten parallel sind,

- das **Drachenviereck,** bei dem je zwei benachbarte Seiten gleich lang sind.

Dreiecke und Vierecke hast du als Material bei den Geoplättchen (siehe S. 159), Kreise bei den Wendeplättchen (siehe S. 162).

Figuren legen

Mit Dreiecken und Vierecken kannst du viele **Figuren legen und auslegen.** Damit lernst du, ihre Form und ihre Größe zu erfassen.

Mit Formen kannst du auch Muster ergänzen und legen.

Zeichnen

Formen kannst du gut auf Karopapier **zeichnen:**

- **freihändig,**
- mit **Schablonen** (siehe Werkzeuge S. 170),
- mit **Lineal** und **Geodreieck** (siehe Werkzeuge S. 168).

Beim Zeichnen und Fortsetzen von **Mustern** musst du
- erkennen, welche Striche für die Formen notwendig sind und sie zeichnen,
- die Formen mit den passenden Farben ausmalen.

Manche Muster kannst du gut mit Schablonen fortsetzen.

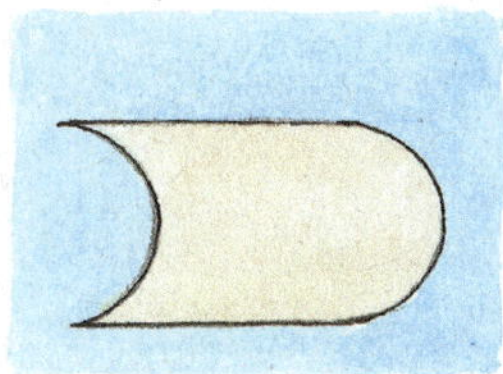

Meistens sind die **Kästchen** bei **Karopapier** $\frac{1}{2}$ cm lang und $\frac{1}{2}$ cm breit. *Zwei Kästchen* nebeneinander sind also *1 cm* lang.

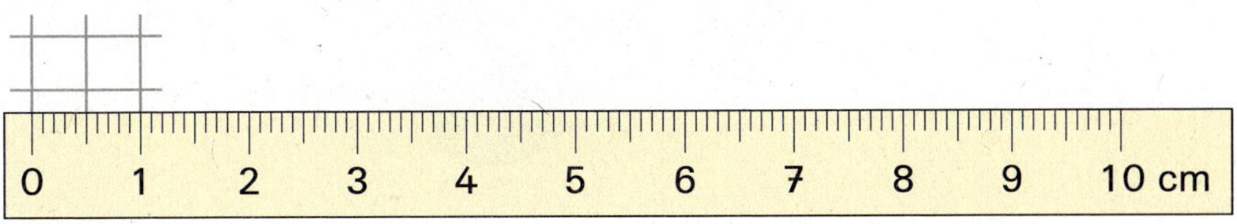

Auf weißem Papier kannst du mit dem Lineal Strecken und Geraden zeichnen.

Strecken haben einen Anfangspunkt und einen Endpunkt.

Geraden gehen über das ganze Blatt und haben keinen Anfangs- und Endpunkt. Wenn du schräg dazu eine andere Gerade zeichnest, bekommst du einen **Schnittpunkt.**

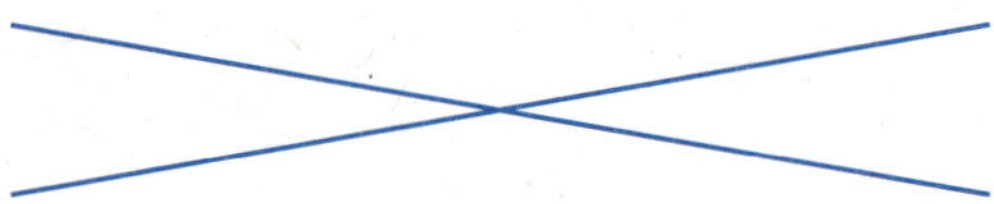

Mit dem Geodreieck kannst du **parallele** Geraden zeichnen. Bei ihnen ist der **Abstand** überall gleich. Sie haben keinen Schnittpunkt.

Mit dem Geodreieck kannst du auch Geraden zeichnen, die **senkrecht** zueinander sind.

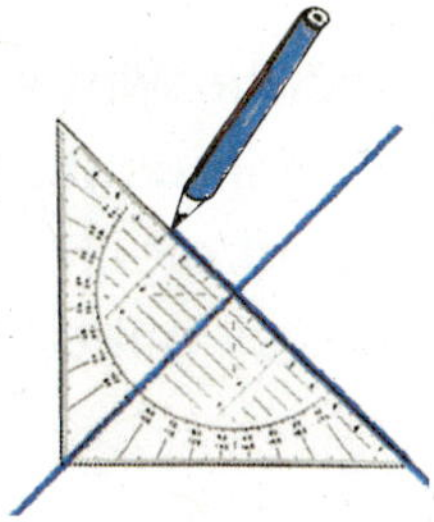

Um einen **Kreis** zu zeichnen, brauchst du einen **Zirkel** (siehe Werkzeuge S. 171).
Die Spitze stichst du in den **Mittelpunkt**, dann kannst du mit dem Stift den Kreis zeichnen.
Die Entfernung vom Stift zur Spitze ist überall gleich groß. Sie wird **Radius** genannt.
Wenn du durch den Mittelpunkt eine Gerade zeichnest, siehst du im Kreis 2 Radien. Diese beiden zusammen sind der **Durchmesser** des Kreises.

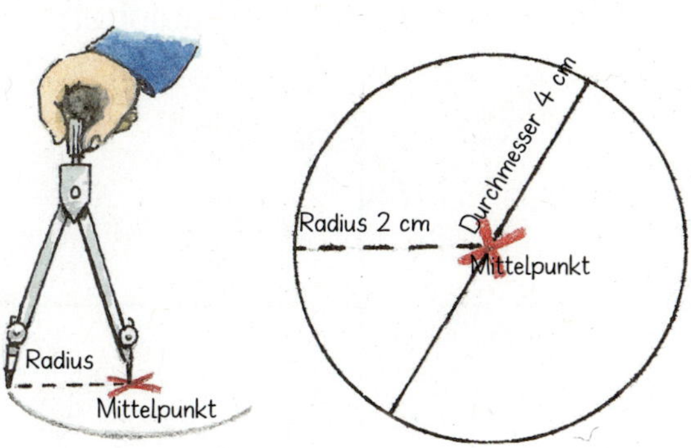

Eigenschaften von Figuren

Lage von Linien

Jedes **Rechteck** hat 4 **rechte Winkel,** d. h. an allen 4 Ecken sind die Seiten **senkrecht** zueinander.
Du kannst es mit dem Geodreieck nachprüfen und du kannst so auch ein Rechteck mit dem Geodreieck zeichnen.

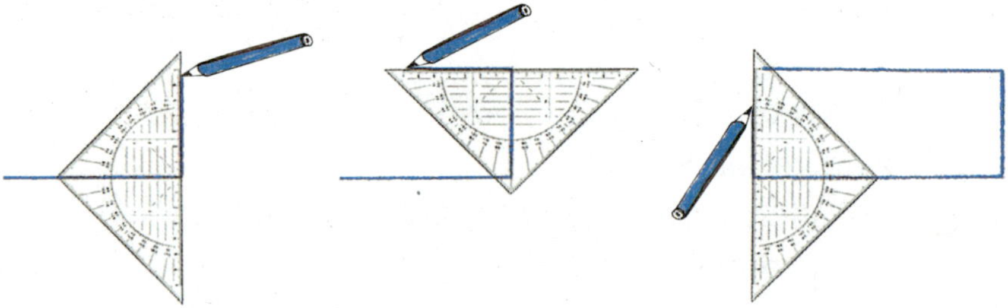

Wenn du auch noch darauf achtest, dass alle Seiten gleich lang sind, erhältst du ein **Quadrat.**

Wenn du zu einer Geraden zwei verschiedene dazu senkrechte Geraden zeichnest, sind diese beiden **parallel** zueinander, haben also überall den gleichen Abstand.

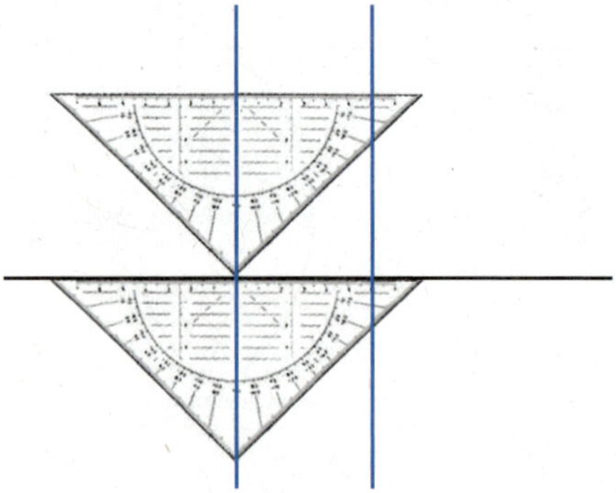

Beim Rechteck und beim Quadrat siehst du parallele Seiten

und zueinander senkrechte Seiten.

Form von Figuren

Auf manche Figuren kannst du einen Spiegel so stellen, dass das Bild im Spiegel genau so aussieht, wie das, was vom Spiegel verdeckt wird.
Diese Figuren werden **symmetrisch** oder auch **achsensymmetrisch** genannt.
Die Linie, auf welcher der Spiegel steht, heißt **Spiegelachse.**

Figuren und Zeichnen

Symmetrische Figuren kannst du herstellen, wenn du ein Papier erst faltest, dann etwas ausschneidest und dann aufklappst.

Umfahre eine Figur mit dem Bleistift. Wenn du sie dann so drehen kannst, dass sie wieder in die gezeichnete Figur passt, ist sie **drehsymmetrisch.**

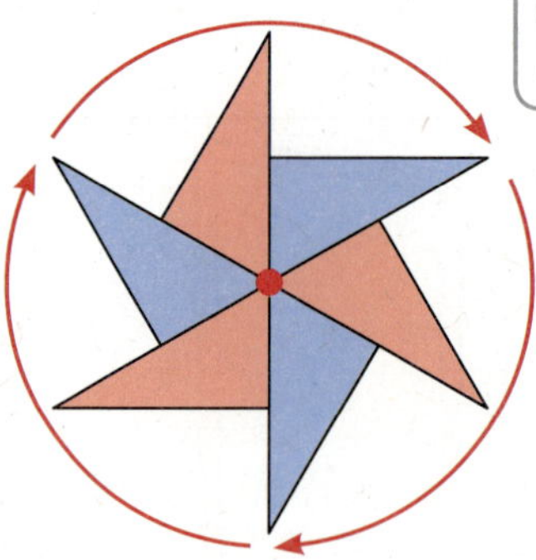

Größe von Figuren

Wenn du wissen willst, wie groß eine Figur ist, kannst du entweder innen in der Figur die Fläche betrachten oder außen den Rand (Umfang).
Wenn du wissen willst, welche von zwei Figuren eine größere **Fläche** hat, kannst du

- beide z. B. mit Quadraten auslegen und schauen, bei welcher Figur es mehr sind, oder
- auf Gitterpapier auszählen, wie viele Kästchen in diesen Figuren sind, und die Anzahlen vergleichen.

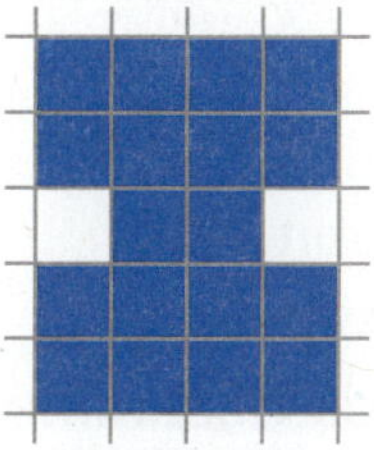

18 Kästchen

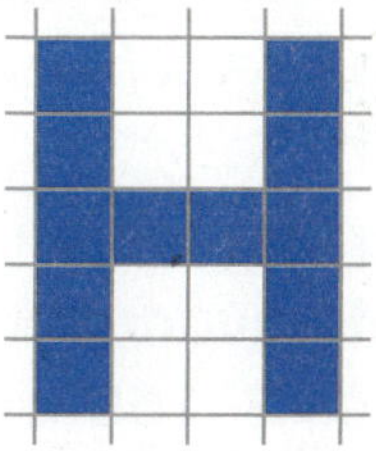

12 Kästchen

Die Länge des Randes einer Figur heißt **Umfang.** Wenn der Rand der Figur auf den Gitterlinien des karierten Papiers liegt, kannst du abzählen, wie viele Kästchenlängen es sind. Wenn der Rand nicht auf den Gitterlinien liegt, kannst du ihn mit dem Geodreieck abmessen.

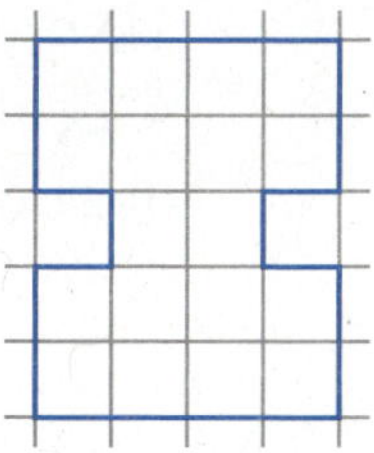

22 Kästchenlängen

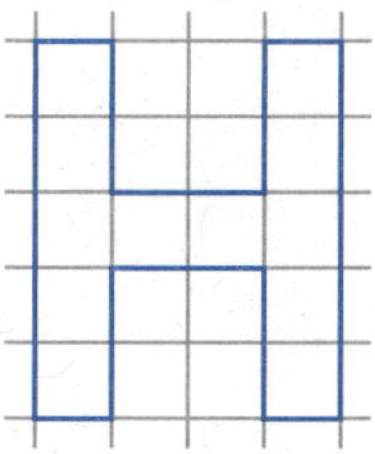

26 Kästchenlängen

Fläche und Umfang sind etwas ganz Verschiedenes.

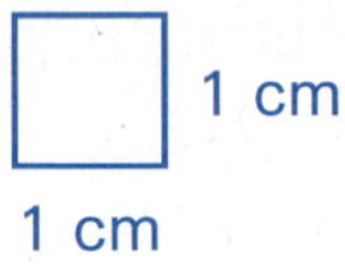

Umfang: 4 cm
Fläche: 1 Zentimeterquadrat

Bei zwei Figuren

- kann außen der *Umfang gleich* lang sein, aber innen die *Fläche verschieden* groß,
- kann innen die *Fläche gleich* groß sein, aber außen der *Umfang verschieden* lang.

Wenn du die Figuren auf Gitterpapier mit **Zentimeterquadraten** (siehe „Papier“ bei Materialen S. 169) zeichnest, kannst du bestimmen, wie viele Zentimeterquadrate die Figur hat.

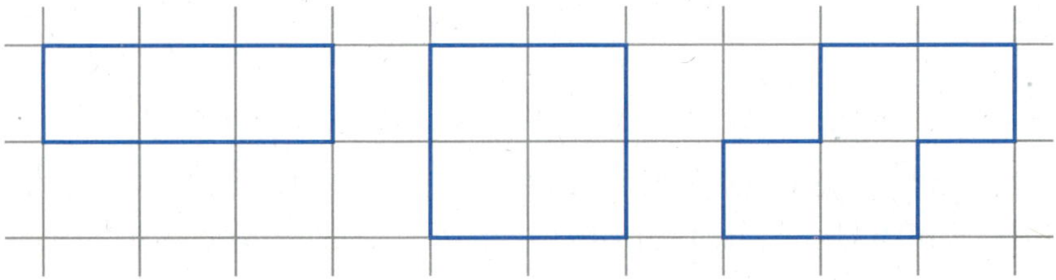

Umfang: 8 cm — Fläche: 3 Zentimeterquadrate

Umfang: 8 cm — Fläche: 4 Zentimeterquadrate

Umfang: 10 cm — Fläche: 4 Zentimeterquadrate

Wenn du eine Figur **vergrößern** willst, kannst du z. B. alle Strecken doppelt so lang zeichnen. Das geht gut auf Karopapier. Dafür wird auch gesagt:
im **Maßstab** 2:1 (lies: „2 zu 1“) zeichnen.

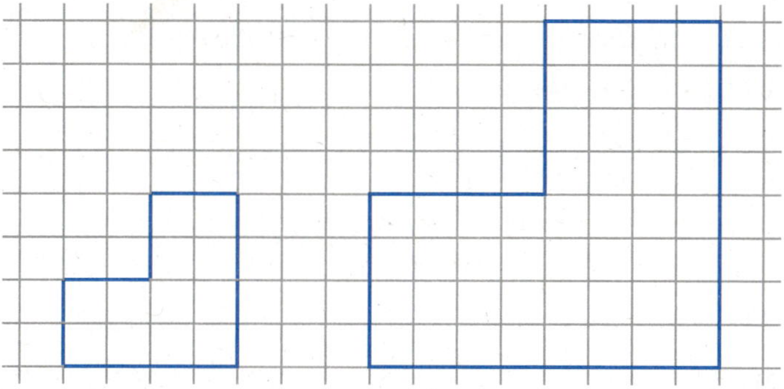

Original Bild (Vergrößerung)

Beim **Verkleinern** kannst du z. B. alle Strecken halb so lang zeichnen. Dafür wird auch gesagt:
im **Maßstab** 1:2 (lies: „1 zu 2“) zeichnen.

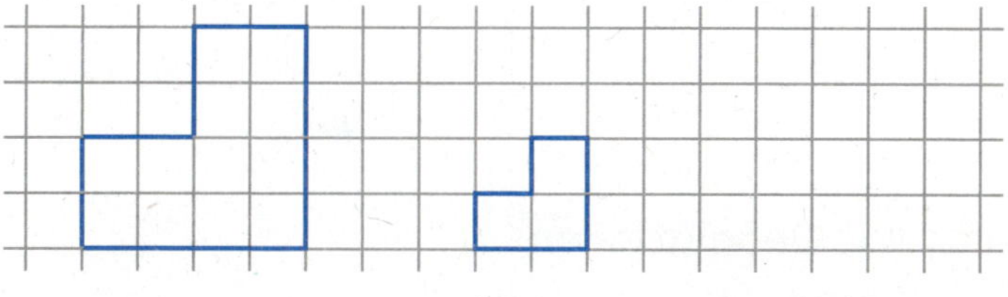

Original Bild (Verkleinerung)

Tätigkeiten

Außer **Zeichnen** (siehe S. 114) gibt es noch viele andere Tätigkeiten in der ebenen Geometrie.

Mit **Lineal** und **Geodreieck** kannst du **messen,**
- wie lang eine Linie ist,

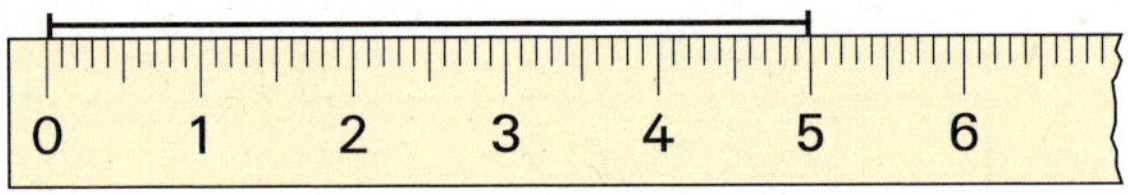

- wie groß der **Abstand** zwischen zwei parallelen Linien ist.

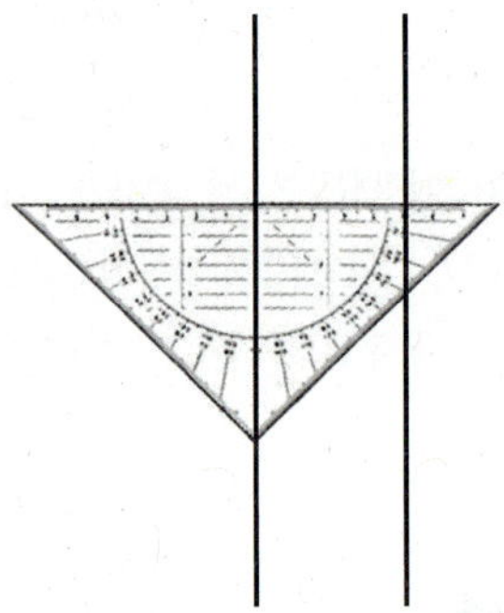

Du kannst mit **Geoplättchen**
- Figuren **legen,**
- Muster fortsetzen,
- Figuren auslegen.

Mit **Papier** kannst du falten, schneiden und basteln.

Beim **Falten** kannst du

– mit der Faltkante eine gerade Linie herstellen,

– zueinander senkrechte Linien falten,

– parallele Linien herstellen,

– Quadrate herstellen,

– symmetrische Figuren falten.

Durch **Schneiden** mit der Schere kannst du z. B.

– aufgezeichnete Figuren ausschneiden,
– eine Figur in Teile zerschneiden und dann versuchen, sie wieder zusammenzusetzen,
– symmetrische Figuren herstellen.

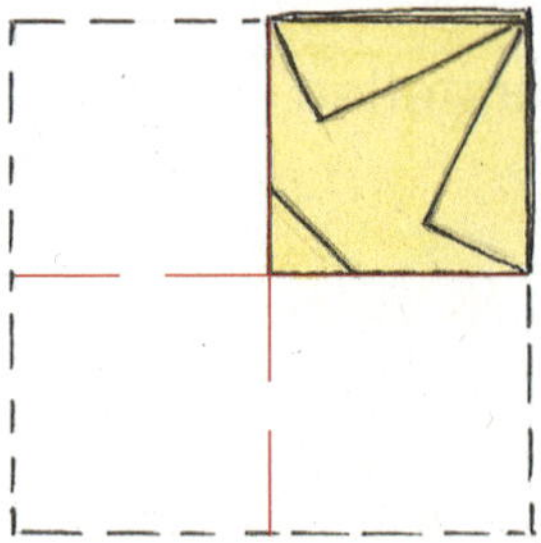

Geometrie im Raum

Körper

Der wichtigste Körper ist der **Würfel.**
Er hat 6 gleich große quadratische Flächen, 8 Ecken und 12 Kanten. Würfel kannst du als Bausteine für viele andere Körper nutzen (siehe Steckwürfel bei Material S. 165).

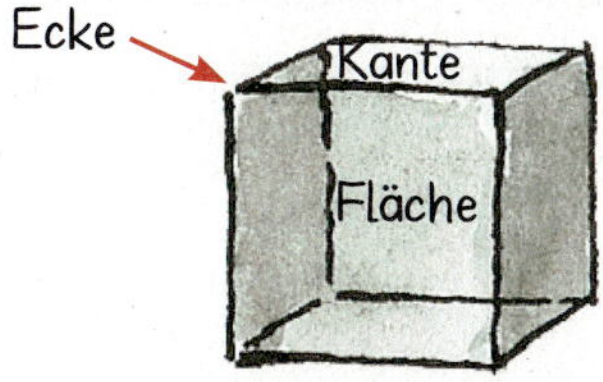

Außerdem lernst du, folgende Körper zu erkennen und zu unterscheiden:

- **Quader,** die du aus Würfeln bauen kannst und die du an allen Flächen gut aneinander setzen kannst,

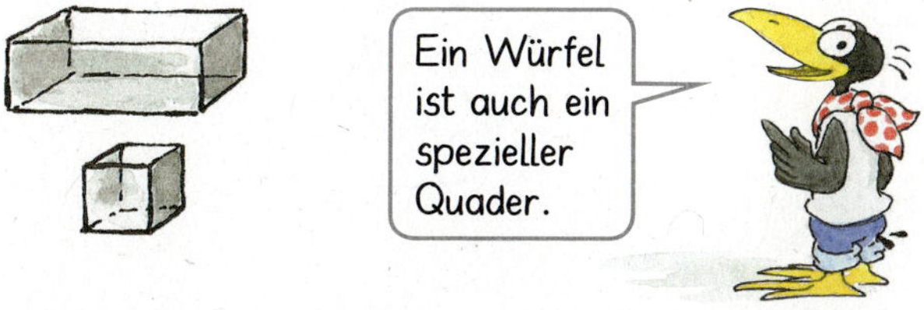

- **Zylinder,** die du aufeinander stellen kannst und die du rollen kannst, wenn sie liegen,

- **Kugeln,** die in jeder Lage immer gleichmäßig rollen, und die du nicht stapeln kannst.

Später kommen noch spitze Körper dazu:

- **Pyramiden,** die auf einer dreieckigen oder auf einer quadratischen Grundfläche stehen,

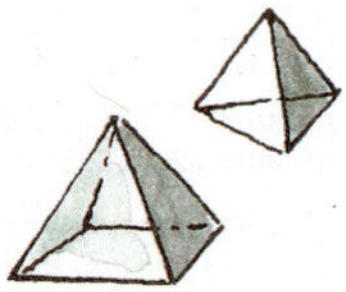

- **Kegel,** die wie der Zylinder auf einem Kreis stehen, aber oben eine Spitze haben.

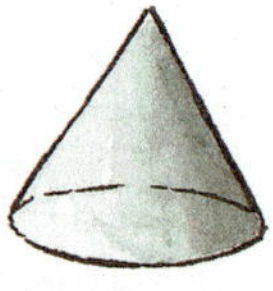

Aus Würfeln kannst du Quader **zusammensetzen,** aber auch noch ganz andere Bauwerke bauen.

Wenn du bei jedem Bauwerk zählst, wie viele Würfel du gebraucht hast, bekommst du ein erstes Gefühl für den Rauminhalt von Körpern.

30 Würfel

16 Würfel

Deine Raumvorstellung wird geschult, wenn du versuchst, dir vorzustellen, wie du einen Körper **von verschiedenen Standpunkten aus** siehst.

Vorderansicht
(Junge)

Seitenansicht
(Mädchen)

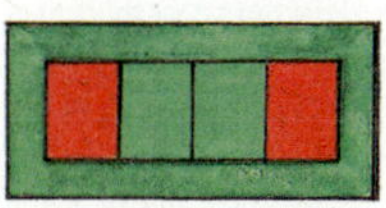

Draufsicht
(Fotoapparat)

Eigenschaften von Körpern

Den Aufbau von zusammengesetzten Körpern kannst du aus **Bauplänen** ablesen:

- Der Bauplan zeigt, wie der Körper von oben zu sehen ist (Draufsicht),
- die Zahlen geben an, wie viele Würfel oder Quader jeweils aufeinander stehen.

Die Form der Körperflächen beim Würfel oder Quader siehst du gut, wenn du **Körperspuren** nachzeichnest, die beim Kippen des Körpers entstehen.

Ein **Netz** des Körpers zeigt dir alle Flächen zusammenhängend. Du erhältst es,

- wenn du den Körper der Reihe nach auf alle Flächen kippst, so dass jede Fläche nur einmal vorkommt, oder
- wenn du einen Körper, der aus Papier oder Pappe gebaut ist, an einigen Kanten aufschneidest, so dass alle Flächen flach nebeneinander liegen.

Am Netz eines Körpers kannst du deine Raumvorstellung testen:
Versuche dir vorzustellen, wo die Flächen hinkommen, wenn du sie zu einem Körper faltest.

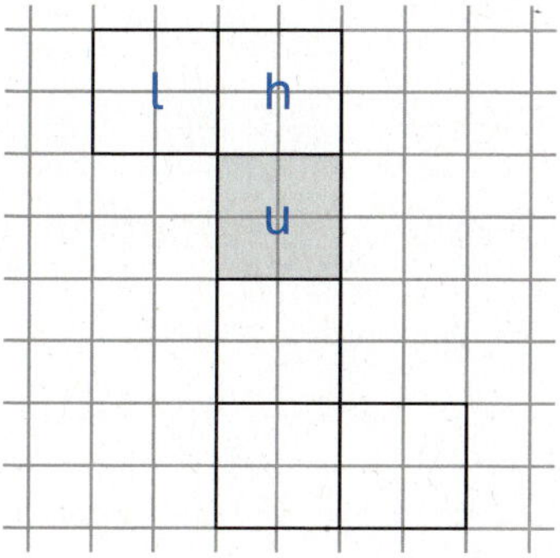

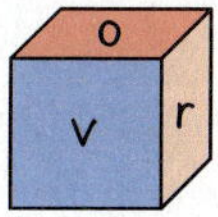

„u = unten, l = links, h = hinten“

Welche Fläche ist vorn (v), welche ist oben (o), welche ist rechts (r)?

Bei jedem Körper kannst du seine Ecken, seine Kanten und seine Flächen fühlen.
Um ihn zu beschreiben, kannst du zählen,
- wie viele **Ecken** er hat,
- wie viele **Kanten** es sind,
- wie viele **Flächen** außen auf dem Körper sind.

Bei vielen Körpern sind alle Kanten **gerade,** aber manchmal sind sie auch **gekrümmt.**
Wenn alle Kanten gerade sind, dann sind alle Flächen **eben.**
Aber es gibt auch **gewölbte** Flächen, z. B. bei gekrümmten Kanten.

	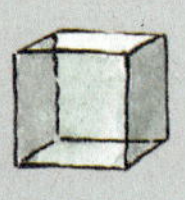	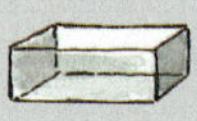			
	Würfel	Quader	Zylinder	Kugel	Kegel
Ecken	8	8			1
gerade Kanten	12	12			
gekrümmte Kanten			2		1
ebene Flächen	6	6	2		1
gewölbte Flächen			1	1	1

Im Buch siehst du nur Bilder von Körpern. Das sind meistens **Schrägbilder,** bei denen die Kanten des Körpers, die nach hinten gehen, schräg verlaufen.

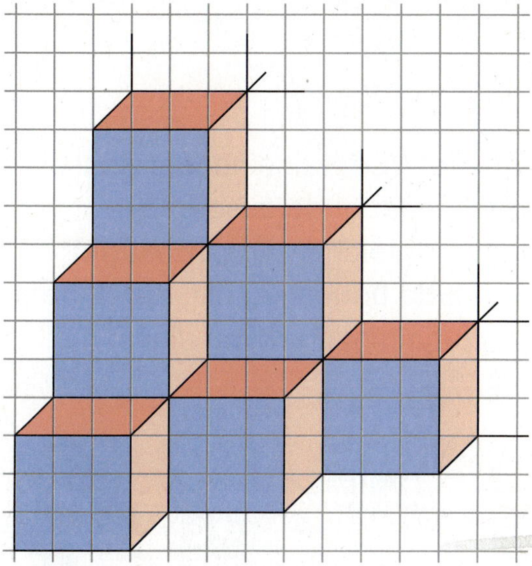

Tätigkeiten

Räumliche Erfahrungen gewinnst du z. B. durch **Bauen.** Die einfachsten Bausteine sind Steckwürfel oder andere Würfel.

Dabei
- siehst und fühlst du, wo die Würfel aneinander passen,
- kannst du dir verschiedene Gebäude ausdenken,
- erfährst du, dass du mit der gleichen Anzahl Würfel ganz verschiedene Gebäude bauen kannst, z. B. indem du immer einen Würfel wegnimmst und an einer anderen Stelle anbaust,

- lernst du, Gebäude nach Bauplänen zu bauen,

- siehst du, dass du aus Würfeln größere Würfel bauen und so Würfel vergrößern kannst,

- siehst du, dass du Schachteln mit Würfeln füllen kannst und damit ermitteln kannst, ob zwei Schachteln einen gleich großen Inhalt haben oder nicht.

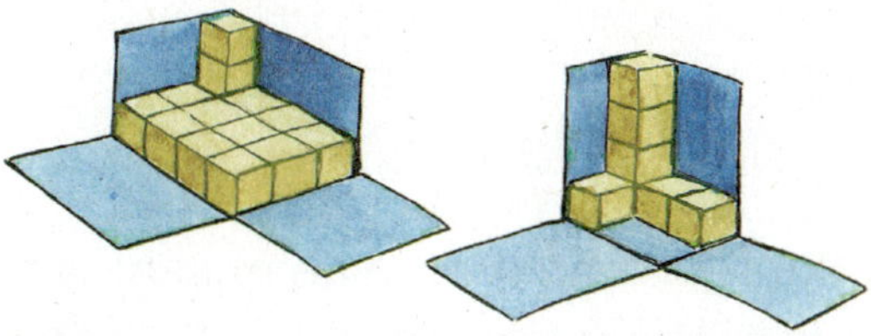

Wenn du selber Schrägbilder **zeichnen** willst, ist Punktepapier (siehe „Papier“ bei Werkzeuge S. 169) günstig.

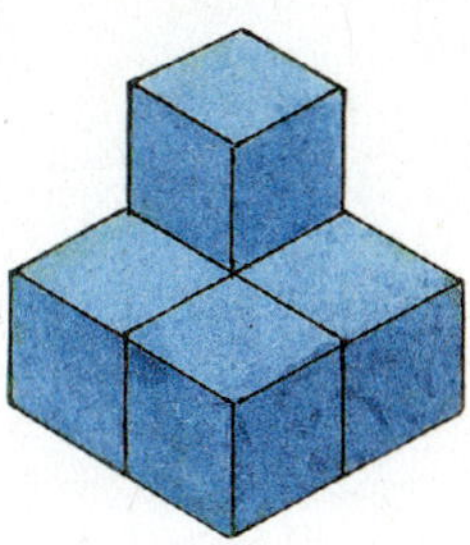

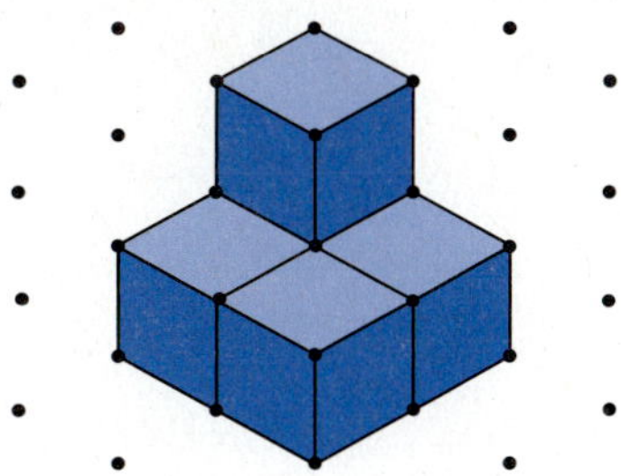

Auch durch **Falten** von Papier kannst du Körper bauen, z. B. eine Schachtel.

1\.

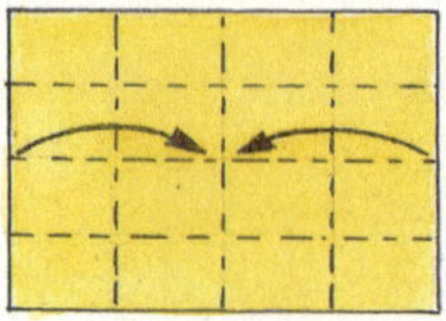

Das Blatt mehrmals vorfalten.

2\.

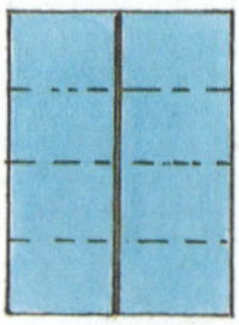

Den linken und rechten Rand zur Mitte falten.

3\.

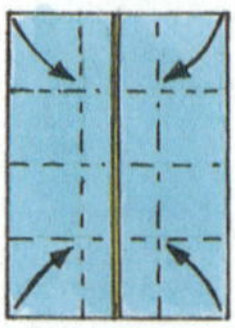

Die 4 Ecken nach innen falten.

4\.

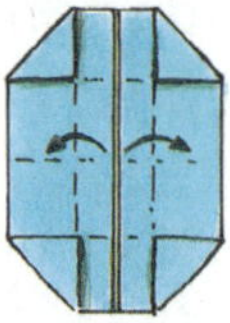

5\.

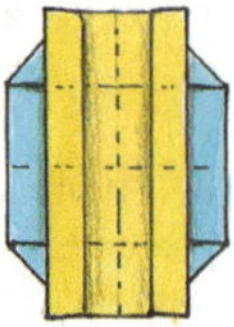

Die beiden inneren Ränder nach außen falten.

6\.

Den Rand nach oben ziehen.

Entlang den Kanten kannst du eine geschlossene Schachtel so **aufschneiden,** dass du alle ihre Fläche in der Ebene aneinander als Netz siehst.

Lösungshilfen

Lösungshilfen bei Rechenaufgaben

Rechne nicht sofort los, sondern überlege zuerst kurz, ob es etwas gibt, was dir bei der Lösung helfen könnte.

Verwandte Aufgaben

Du suchst, ob es ähnliche Aufgaben gibt, die für dich leichter sind, z. B.

- **Hilfsaufgaben:** bekannte Aufgaben,

  6 + 2 ist z. B. Hilfsaufgabe für:

16 + 2	26 + 2	60 + 20
160 + 20	600 + 200	6 000 + 2 000

- **Tauschaufgaben** bei jeder Plus- und bei jeder Malaufgabe,

  1 + 8 = ___ Tauschaufgabe: 8 + 1 = ___

  9 · 4 = ___ Tauschaufgabe: 4 · 9 = ___

Lösungshilfen

- **Umkehraufgaben,** vor allem bei Minus- und bei Geteiltaufgaben,

  Statt 18 − 16 = ☐ lieber ergänzen 16 + ☐ =18.

  Statt 45 : 9 = ☐ lieber „Wie viel mal 9 ist 45?“

- **Nachbaraufgaben:** Aufgaben mit Nachbarzahlen.

  6 + 6 = 12, also ist 6 + 7 um 1 mehr als 12
  6 + 7 = 13

  7 · 10 = 70, also ist 7 · 9 um 7 weniger als 70
  7 · 9 = 63

Rechenvorteile

Du suchst, ob es leichter wird, wenn du die Zahlen zerlegst und anders zusammensetzt:

- „+“ und „–“ in der Nähe von Hunderterzahlen,

  Zuerst 500 dazu, dann 2 weg.

  $285 + 498 = 285 + 500 - 2$

  Zuerst 200 weg, dann 1 dazu.

  $347 - 199 = 347 - 200 + 1$

- „mal“ in der Nähe von Zehnerzahlen,

  $52 \cdot 39 = 52 \cdot 40 - 52 \cdot 1$

- Zahlen in der Nähe von Zehnerzahlen teilen,

  $57 : 3 = 60 : 3 - 3 : 3$
  $84 : 4 = 80 : 4 + 4 : 4$

- mit mehreren Zahlen vorteilhaft rechnen.

  $28 + 59 + 72 = 28 + 72 + 59$

Material und Werkzeuge

Überlege, ob es Material gibt, mit dem du dir die Rechnung besser vorstellen kannst:

- **Hundertertafel:** Hier kannst du Addieren und Subtrahieren von ein- und zweistelligen Zahlen gut sehen,

  „+23“ heißt „2 Felder nach unten und 3 nach rechts“
  „−23“ heißt „2 Felder nach oben und 3 nach links“

24	25	26	27	28	29	30
34	35	36	37	38	39	40
44	45	46	47	48	49	50
54	55	56	57	58	59	60
64	65	66	67	68	69	70

$47 + 23 = 70$
$47 - 23 = 24$

- **Zahlenstrahl:** Hier kannst du Zehner- und Hunderterübergänge gut sehen,

  98+ ▢ = 115

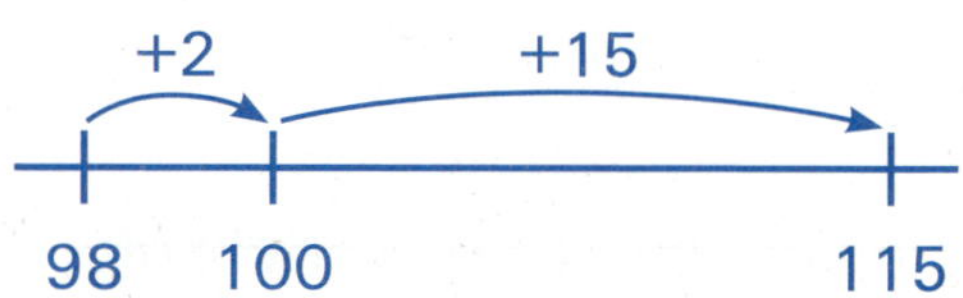

- **Stellenwerttafel:** mal 10, mal 100 …

  H Z E
  843 · 100 = **8 4 3 _ _** = 8 4 3 **0 0**

- **Taschenrechner:** z. B. wenn du kontrollieren oder etwas ausprobieren willst.

Lösungshilfen bei Sachaufgaben

Schreibe in den Rechnungen die Maßeinheit dazu. Wenn verschiedene Maßeinheiten vorkommen, musst du zuerst umwandeln.

Schau zuerst, ob du die Aufgabe in Teilaufgaben zerlegen kannst.

Lösungsschritte:

Leergewicht: 10 t

zulässiges Gesamtgewicht: 18 t

Eine Person in Deutschland produziert rund 1,2 kg Abfall am Tag.
Ein Müllfahrzeug kann mit einer Fahrt den wöchentlichen Müll von rund 1 000 Personen abtransportieren.
Stimmt das?

1. Text lesen und verstehen

Das Müllauto fährt nur 1-mal und transportiert den Müll von 7 Tagen.

2. Fragen finden und stellen

Wie viel Müll passt in das Müllauto?
Wie viel Müll macht eine Person in 7 Tagen?
Wie viel Müll machen dann 1 000 Personen in 7 Tagen?
Kann ein Müllauto dies abtransportieren?

3. Wichtige Informationen dazu heraussuchen: unterstreichen oder herausschreiben

1 Person an 1 Tag 1,2 kg Müll
Müllauto leer: 10 t
Müllauto voll: 18 t

4. Lösungswege überlegen

Beim Müllauto minus rechnen, bei den Personen malnehmen.

5. Lösungshilfen nutzen: Tabelle, Skizze, Darstellung mit Pfeil

z. B. Tabelle

Personen	Tage	Müll
1	1	1,2 kg
1 000	1	
1 000	7	

6. Überschlagen, rechnen, kontrollieren

Überschlag: 1 000 · 1 kg · 7 = 7 000 kg
18 t − 10 t = 8 t = 8 000 kg
es stimmt also ganz grob

Rechnung: 1 000 · 1,2 kg = 1 200 kg
1 200 kg · 7 = 8 400 kg
≈ 8 000 kg = 8 t

7. Antwort finden und überprüfen

Es stimmt ungefähr, aber es reicht nicht ganz für 1 000 Personen.

Lösungshilfen bei geometrischen Aufgaben

Zeichnen

Zeichne bei **Mustern** zuerst die äußeren und inneren Linien, male dann die Flächen aus.

Wenn du **freihand** schräge Linien auf Karopapier zeichnest, kannst du schauen, mit welcher Treppenstufe du zum nächsten Punkt kommst.

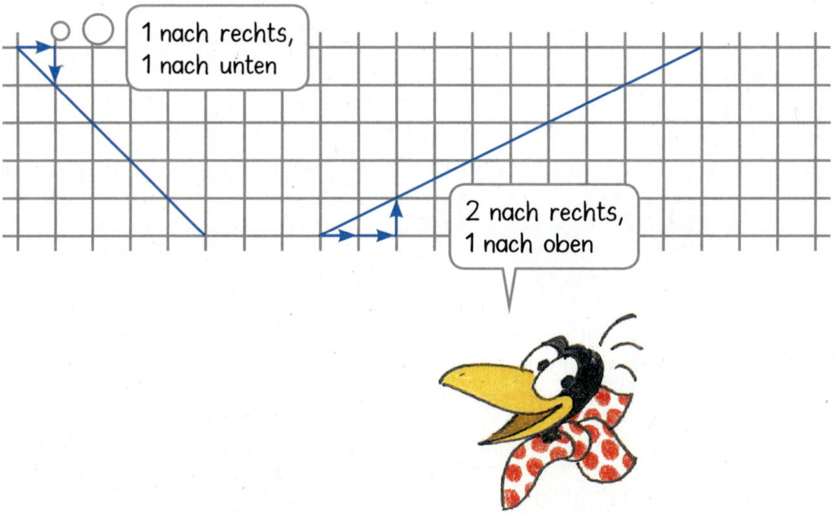

Wenn du mit **Lineal** oder **Geodreieck** Strecken messen oder zeichnen willst, fange immer bei 0 an.

Sehen von ebenen Figuren

Du kannst **abdecken,** was dich stört, wenn z. B. Figuren in einer Zeichnung übereinanderliegen.

Wie viele Quadrate siehst du?

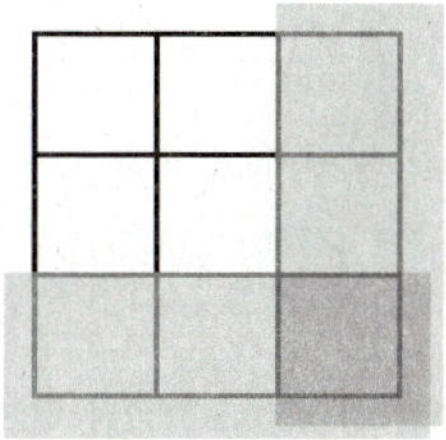

Drehe das Blatt so, dass die Spiegelachse senkrecht oder die Parallelen waagerecht liegen.

Wo liegt das Spiegelbild?

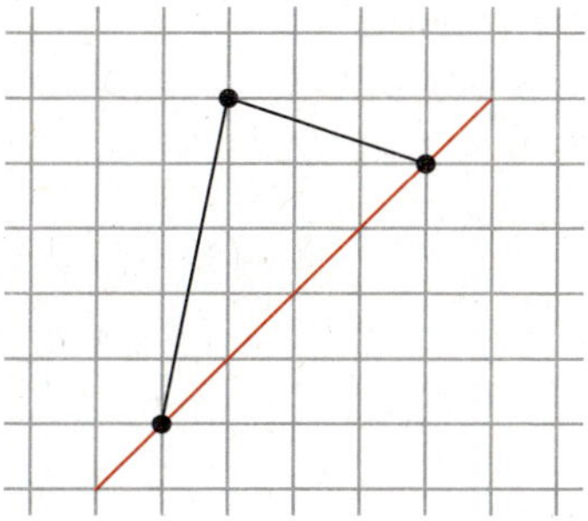

Suchbild
In dieser Figur sind ein Rechteck und außerdem noch ein Parallelogramm, ein Drachenviereck und einige Trapeze versteckt. Findest du sie?

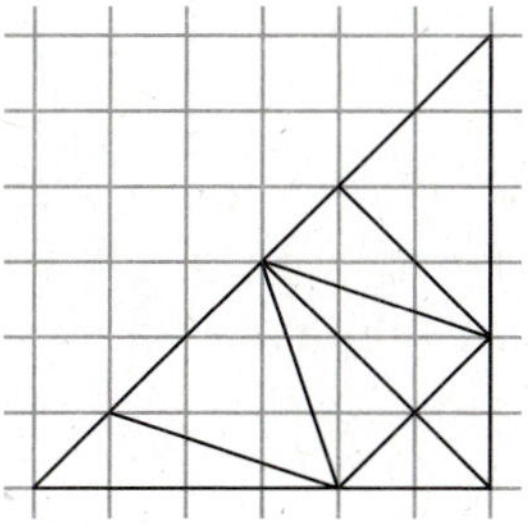

Sehen von Körpern

Wie kannst du dir im **Quader-** oder **Würfelnetz** den Körper am besten vorstellen?
- Suche als untere Fläche eine, die eher in der Mitte liegt (Schreibe „u“ hinein).
- Suche danach die Flächen, die angrenzen.
- Suche dann die Fläche, die gegenüberliegt.

Linien, die beim Zusammenfalten aneinander stoßen, kannst du mit der gleichen Farbe markieren.
Ecken, die zusammenstoßen, kannst du ebenfalls markieren.

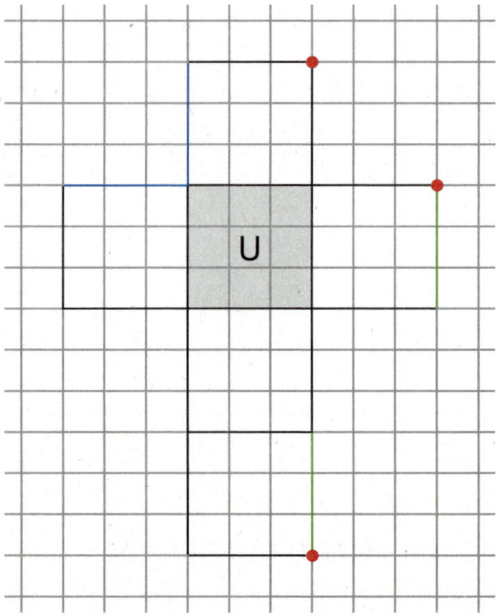

Wenn du herausfinden willst, wie ein Körper, den du im Schrägbild siehst, z. B. **von oben** aussieht, stelle dir vor, dass von oben eine Lampe leuchtet, und überlege, welche Flächen dann beleuchtet werden.

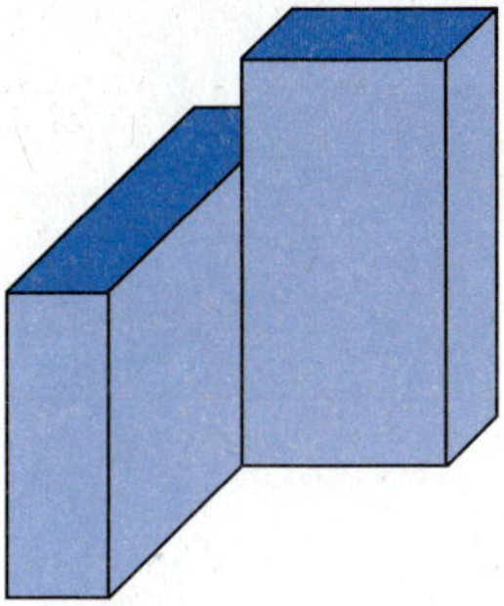

Schrägbild

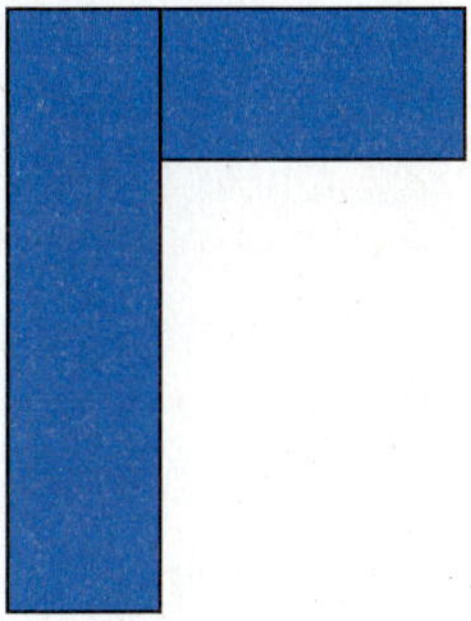

Draufsicht von oben

Zum Nachschlagen

Übungen

Aufgabenfamilien

Zu einer Aufgabenfamilie gehören vier Aufgaben: zwei Plusaufgaben (Tauschaufgaben) und zwei Minusaufgaben (Umkehraufgaben). Sie stehen im Haus in 4 Stockwerken untereinander. Im Dach des Hauses steht oben die Summe und darunter die beiden Summanden.
Wenn du 2 Zahlen kennst, kannst du alle übrigen finden.
Solche Aufgabenfamilien gibt es auch mit „mal“ und „geteilt durch“.

11 — Summe

7 4 — Summanden

7 + 4 = ☐
4 + 7 = ☐
— Plusaufgaben

11 − 4 = ☐
11 − 7 = ☐
— Minusaufgaben

Aufgabenrolle

Bei den Aufgaben der Rolle gibt es ein System.
Wenn du es herausgefunden hast, weißt du, wie es weitergeht.

$7 + 1 =$ ☐
$6 + 2 =$ ☐
$5 + 3 =$ ☐
$4 + 4 =$ ☐

$334 + 89 =$ ☐
$338 + 79 =$ ☐
$342 + 69 =$ ☐
$346 + 59 =$ ☐

Überlege, wie sich die Zahlen verändern!

Ausschnitte aus der Hundertertafel

Aus der Hundertertafel sind einige Felder ausgeschnitten.
Du sollst herausfinden, welche Zahlen auf den leeren Feldern stehen.

	54	
63	64	65
73		75

Daneben andere Einer, darüber und darunter andere Zehner.

Bauplan

So sieht das Würfelgebäude aus, wenn du von oben darauf schaust.
Die Zahlen im Bauplan geben an, wie viele Würfel aufeinander stehen.

3	1

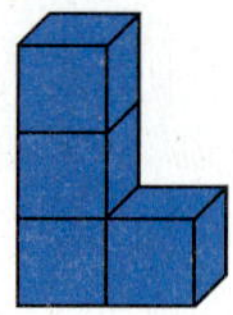

Geheimschrift

Bei jeder Zahl kannst du die Hunderter durch Quadrate, die Zehner durch Striche und die Einer durch Punkte darstellen.

36 = 

214 = 

Hüpf im Päckchen

Das Ergebnis der obersten Aufgabe ist die vordere Zahl einer anderen Aufgabe. Wenn du so alle Aufgaben richtig nacheinander rechnest, findest du unten das letzte Ergebnis.

806 506 – 200 000 = 606 506
879 830 + 109 799 = 989 629
606 506 + 311 722 = 918 228
918 228 – 99 999 = 818 229
818 229 + 61 601 = 879 830
989 629

Klecksaufgaben

In einer schriftlichen Rechenaufgabe sind einige Ziffern unlesbar. Diese Ziffern musst du herausfinden.

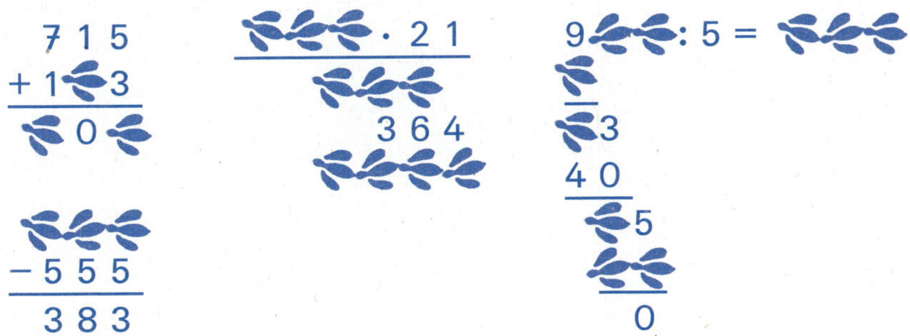

Malpyramide

In einem Dreieck steht immer im Feld über 2 Zahlen das Ergebnis der Multiplikation.
Du musst die Zahlen in den leeren Feldern herausfinden.

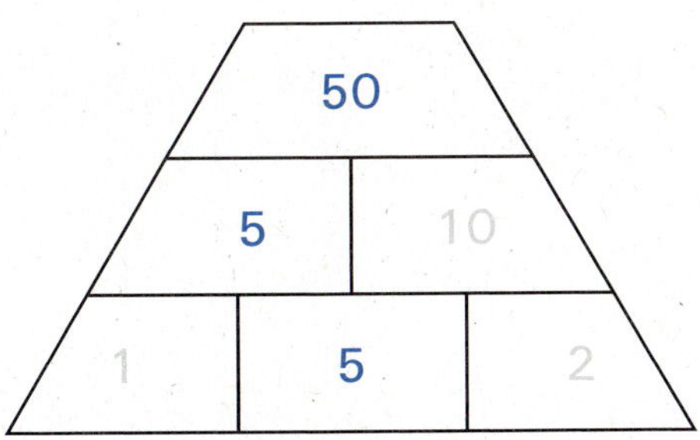

Operatortabelle

Über der Tabelle steht ein Plus- oder Minus- oder Mal-Pfeil, der dir sagt, wie viel du vorwärts oder rückwärts zählen oder womit du malnehmen sollst.

+ 3

6	9
11	
16	
13	

− 4

9	5
15	
20	
8	

· 5

8	40
2	
10	
4	

Rechenkette

Zwischen den Kettengliedern sind Pfeile, auf denen Rechenbefehle stehen.
Du kannst kontrollieren, ob du richtig gerechnet hast. Das Ergebnis der letzten Aufgabe muss die Zahl sein, die ganz oben auf dem Kreis steht.

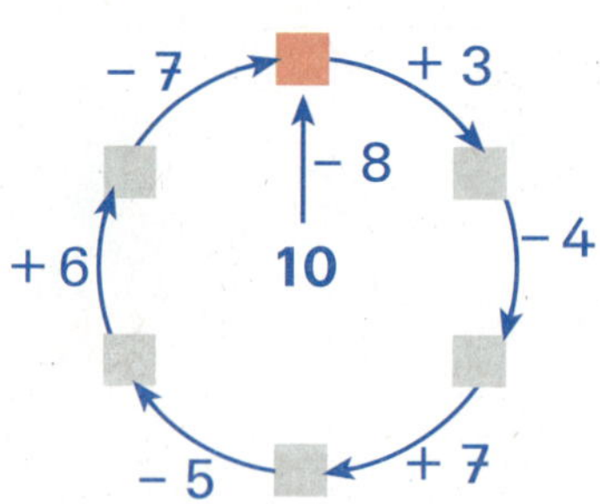

10 − 8 = 2
2 + 3 = 5
5 − 4 =
+ 7 =
− 5 =
+ 6 =
− 7 =

Rechenmauer

Im Baustein über 2 Zahlen steht das Ergebnis der Addition.
Du musst herausfinden, welche Zahlen auf die leeren Bausteine gehören.

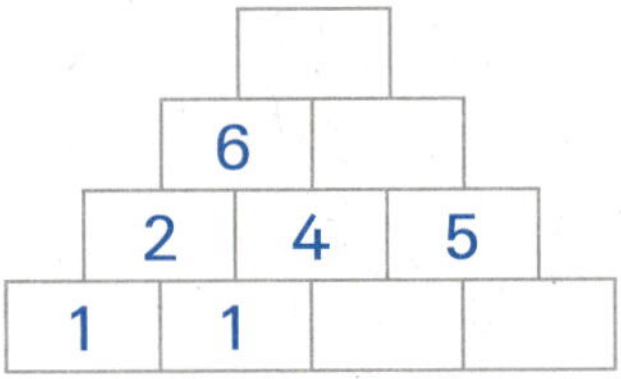

Rechenrad

Ein Kreis ist in Kuchenstücke eingeteilt. Innen im Kreis steht die Summe, auf jedem Kuchenstück steht ein Summand.
Du musst den anderen Summanden finden.

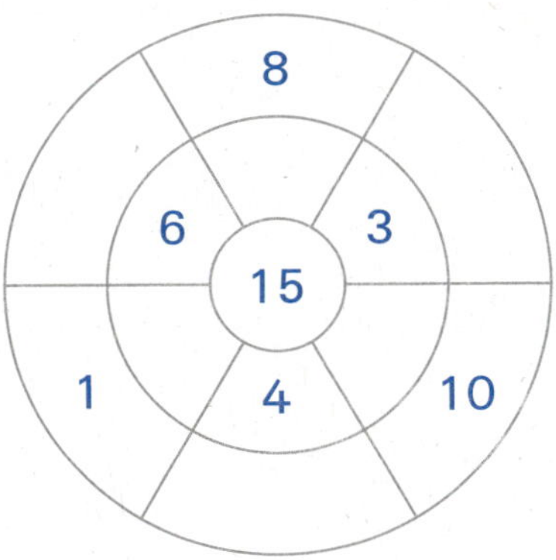

Summentafel

In jeder Zeile steht die Summe rechts, in jeder Spalte steht die Summe unten. Du musst alle leeren Felder ausfüllen. Am Schluss kannst du kontrollieren, ob rechts unten die Summe der untersten Zeile und der rechten Spalte gleich ist.

7	+	2	9
+		+	+
4	+	1	5
11	+	3	14

Tabelle

In der linken oberen Ecke steht ein Rechenzeichen (z. B. „+“), am linken Rand und in der oberen Zeile stehen Zahlen.
In die leeren Felder musst du bei „+“ die Summe der Zahl ganz links und der Zahl, die oben darüber steht, eintragen.

+	6	5	4	7
1				
3		8		
2				
4				

3 + 5 = 8

Zahlenfolgen

Bei einem Zug sind die Wagen hintereinander nach einem bestimmten System nummeriert. Du musst das System herausfinden und alle Wagen danach nummerieren.

+ 2 + 2

2	4	6							20

− 10 + 8 − 10

19	9	17	7	15					

Zauberdreieck

In einigen Feldern stehen Zahlen. Ganz oben oder in dem Dreieck steht die Zauberzahl.
Du musst die leeren Felder ausfüllen, so dass immer die Zahlen, die nebeneinander stehen, zusammen die Zauberzahl ergeben. Alle Zahlen müssen verschieden sein.

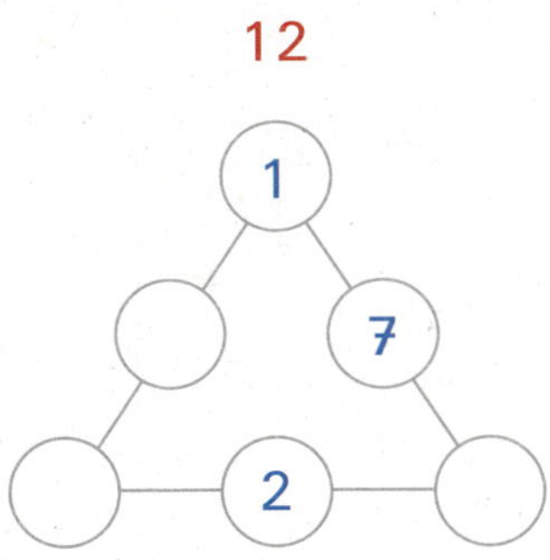

Zauberquadrat

In einigen Feldern stehen Zahlen, über oder neben dem Quadrat steht die Zauberzahl.
Du musst die leeren Feldern ausfüllen, so dass immer die Zahlen, die nebeneinander, untereinander oder schräg in einer Linie stehen, zusammen die Zauberzahl ergeben.
Alle Zahlen müssen verschieden sein.

?

3	8	7
10	6	2
5	4	9

18

	4	
	8	3

Zerlegungshaus

Im Dach des Hauses steht eine Zahl, die in verschiedene Summanden zerlegt werden soll. Manchmal steht schon ein Summand da und der andere ist zu finden, manchmal musst du beide Summanden finden.

4

4	+	
	+	1
2	+	
	+	3
0	+	

Material

Bauklötze

Vor allem Holzwürfel oder Steckwürfel, aber auch Quader (Streichholzschachteln), Zylinder, Pyramiden und Kegel. Damit kannst du aufgezeichnete Gebäude nachbauen und so deine räumliche Vorstellung verbessern.

Einmaleinstafel (1 · 1-Tafel)

·	0	1	2	3	4	5	6	7	8	9	10
0	0	0	0	0	0	0	0	0	0	0	0
1	0	1	2	3	4	5	6	7	8	9	10
2	0	2	4	6	8	10	12	14	16	18	20
3	0	3	6	9	12	15	18	21	24	27	30
4	0	4	8	12	16	20	24	28	32	36	40
5	0	5	10	15	20	25	30	35	40	45	50
6	0	6	12	18	24	30	36	42	48	54	60
7	0	7	14	21	28	35	42	49	56	63	70
8	0	8	16	24	32	40	48	56	64	72	80
9	0	9	18	27	36	45	54	63	72	81	90
10	0	10	20	30	40	50	60	70	80	90	100

Zum Nachschlagen

In der Einmaleinstafel stehen links am Rand und in der oberen Zeile die Zahlen von 0 bis 10. In die Felder der Tabelle trägst du die 1 · 1-Ergebnisse ein.

Wenn du die 0-Spalte und 0-Zeile in der Einmaleinstafel weglässt, kannst du das Ergebnis in der Anzahl der Felder sehen. Z. B. bei 2 · 4 sind es 2 mal 4, also insgesamt 8 Felder bis dorthin, wo die 8 steht.

·	1	2	3	**4**	5	6
1						
2				**8**		
3						
4						

Du kannst auch Divisionsergebnisse sehen:
Du siehst, wie oft 4 Felder nebeneinander in die 8 Felder passen (2-mal untereinander) und wie oft 2 Felder untereinander in die 8 passen (4-mal nebeneinander).
Wenn die Einmaleinstafel ausgefüllt ist, kannst du viele Entdeckungen machen.

Finger

An den Fingern kannst du sehen, wie die Zahlen zwischen 5 und 10 aufgebaut sind und wie viel bei den einstelligen Zahlen bis 10 fehlt.

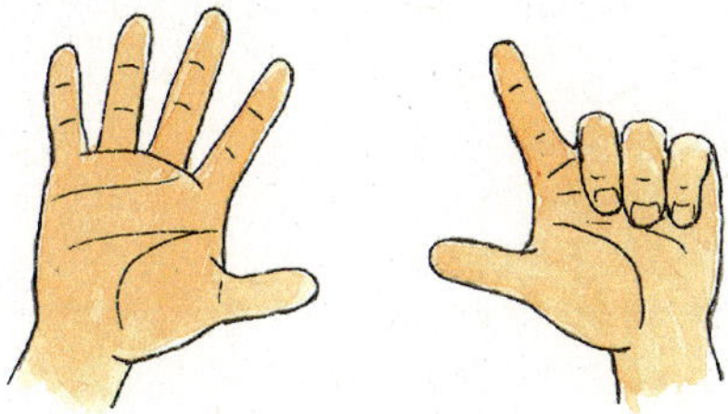

7 = ganze Hand und noch 2 Finger

Es fehlen 3 Finger bis 10.

Geoplättchen

Rechtecke, Quadrate und Dreiecke:

Mit ihnen kannst du
- Formen nachlegen,
- Flächen auslegen,
- Muster legen.

Damit kannst du ein Gefühl für die Form von Figuren, für die Größe von Flächen und für den Aufbau von Mustern entwickeln.

Hunderterfeld

Du siehst 100 Punkte in 10 Reihen. Immer nach 5 Punkten gibt es eine kleine Lücke.
Durch Abdecken mit 2 Streifen kannst du
- alle Zahlen sehen, die in der Hundertertafel stehen,

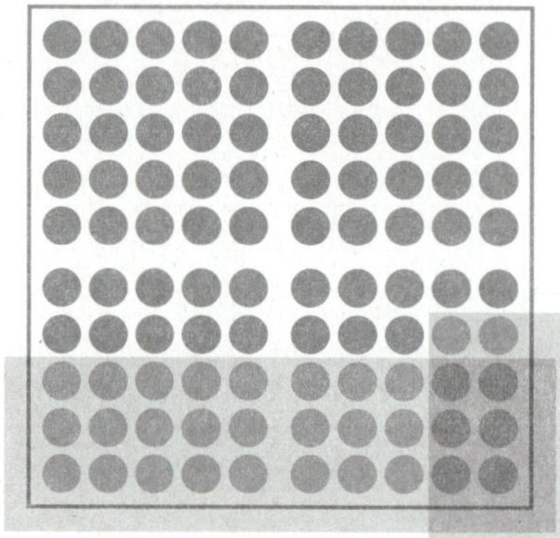

68 = 60 + 8

- alle Ergebnisse der Einmaleinsaufgaben sichtbar machen (siehe Einmaleinstafel).

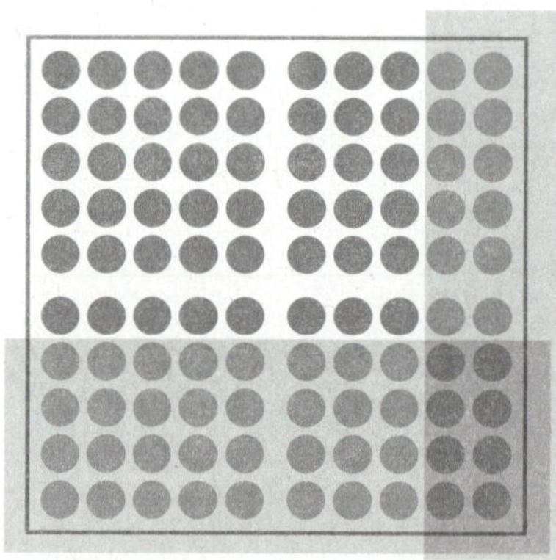

6 · 8 = 48

Wenn beim Abdecken Quadrate übrig bleiben, bekommst du **Quadratzahlen,** z. B. 6 · 6 = 36.

Hundertertafel

Hier stehen alle Zahlen von 1 bis 100 in 10 Reihen untereinander.
Du kannst z. B. entdecken, wo die Zahlen mit der gleichen Quersumme stehen, wo die Zehnerzahlen oder die Neunerzahlen oder die Fünferzahlen zu finden sind.
Du siehst auch, wie du Zehner- und Einerzahlen (ohne Übertrag) addieren und subtrahieren kannst, z. B. 21 + 54, 68 − 32.

1	2	3	4	5	6	7	8	9	10
11	12	13	14	15	16	17	18	19	20
21	22	23	24	25	26	27	28	29	30
31	32	33	34	35	36	37	38	39	40
41	42	43	44	45	46	47	48	49	50
51	52	53	54	55	56	57	58	59	60
61	62	63	64	65	66	67	68	69	70
71	72	73	74	75	76	77	78	79	80
81	82	83	84	85	86	87	88	89	90
91	92	93	94	95	96	97	98	99	100

Plättchen oder Wendeplättchen

Sie sind vorne blau und hinten rot.

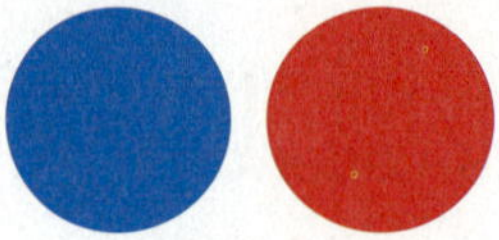

Mit den beiden Farben kannst du z. B.

– eine Zahl zerlegen
  - in 5 und das, was zu 5 hinzukommt, oder

5 + 2

  - in 10 und das, was zu 10 hinzukommt,

10
\+ 4

– zwei Summanden sichtbar machen,

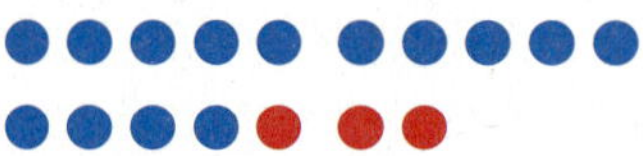

14 + 3

– beim Zehnerübergang verschiedene Rechenwege sichtbar machen.

6 + 7 =

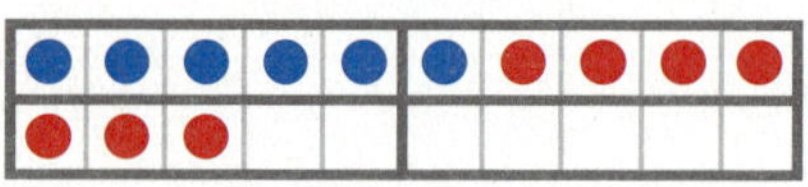

6 + 4 + 3

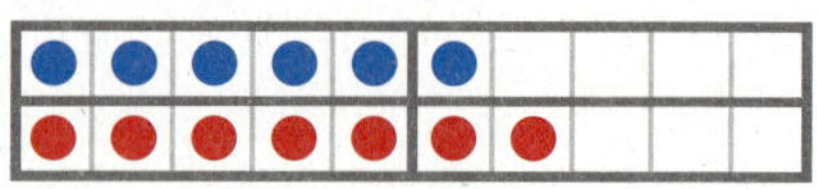

6 + 6 + 1

Rechengeld

Durch Wechseln, z. B. von zehn 1€-Münzen in einen 10€-Schein, kannst du die Zehnerbündelung veranschaulichen.

Außerdem kannst du

- Kaufspiele machen,
- Geldbeträge bestimmen,
- Geldbeträge auf verschiedene Art legen,
- herausgeben, z. B. auf 20 €, 50 € oder 100 €.

Schüttelbox

Du machst in einer Streichholzschachtel 2 oder 3 Fächer und schreibst auf die Schachtel, wie viele Erbsen darin sind. Dann schüttelst du, ziehst die Schachtel auf und siehst, wie viele Erbsen in jedem Fach sind. Dann schreibst du die zugehörige Aufgabe auf.
Damit kannst du die Zerlegungen einer Zahl trainieren.

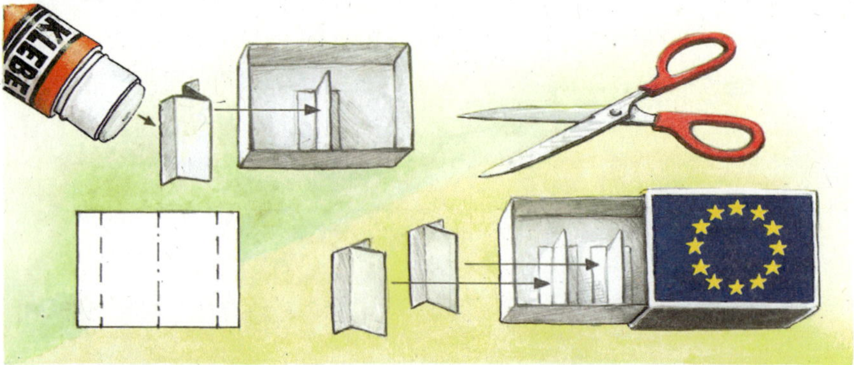

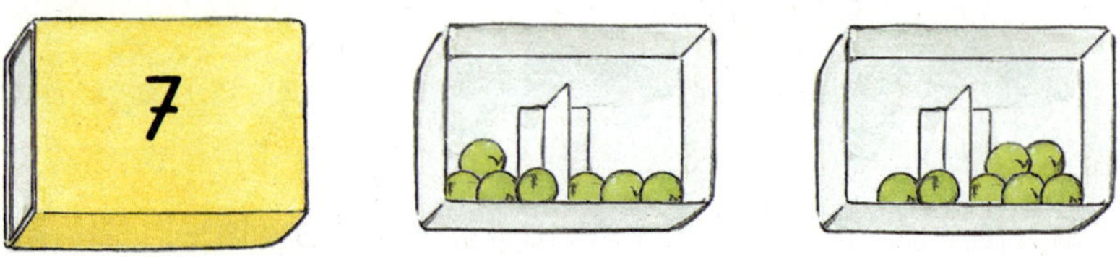

__ + __   __ + __

__ + __ + __   __ + __ + __

Spielwürfel

Zunächst lernst du, die Augenzahlen auf dem Würfel sofort zu erfassen, ohne dass du sie abzählen musst.
Bei vielen Spielen sagt dir die Augenzahl, wie viele Schritte du vorrücken darfst.
Mit 3 Würfeln kannst du z. B. addieren oder multiplizieren und versuchen, damit möglichst große oder möglichst kleine Ergebnisse zu erhalten.
Du kannst auch untersuchen, welche Augenzahlen sich gegenüberliegen.

Steckwürfel

Sie haben an einer Seite eine kleine Erhebung und auf den andern 5 Seiten Vertiefungen, sodass du sie ineinander stecken kannst.
Damit kannst du Türme oder andere Gebäude bauen.
Beim Zehnerturm siehst du die Bündelung von 10 einzelnen Steckwürfeln.

Tausenderfeld

10 Hunderterfelder nebeneinander

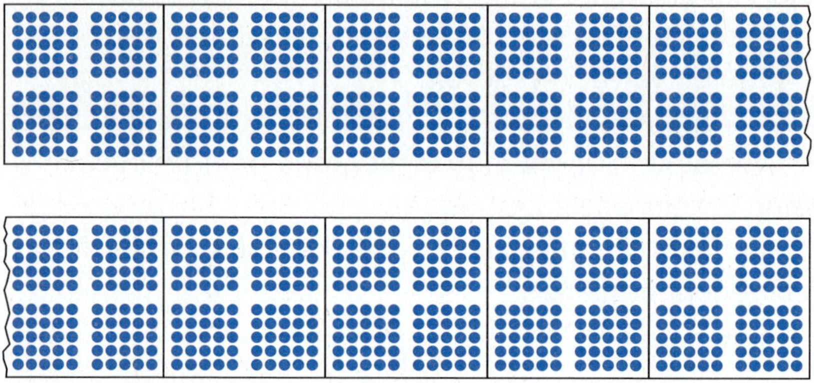

Wendeplättchen

(siehe Plättchen S. 162)

Zahlenkarten

Vorne ist die Zahl in Ziffern, hinten das Punktebild der Zahl.
Mit den Zahlenkarten kannst du z. B. Plus- oder Minusaufgaben legen.

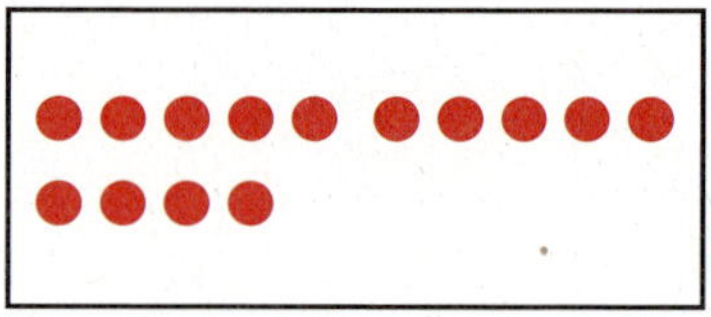

Zehnerfeld

Zwei mal 5 Felder nebeneinander. Auf jedes Feld passt ein Plättchen.
Wenn du Plättchen darauf legst, siehst du z. B. wie viel bei einer Zahl bis 10 fehlt.

Zehnerstreifen

Zehn Punkte auf einem Streifen nebeneinander: auf der Vorderseite blau, auf der Rückseite rot. Mit diesen Streifen kannst du die Zehnerzahlen zwischen 10 und 100 legen.

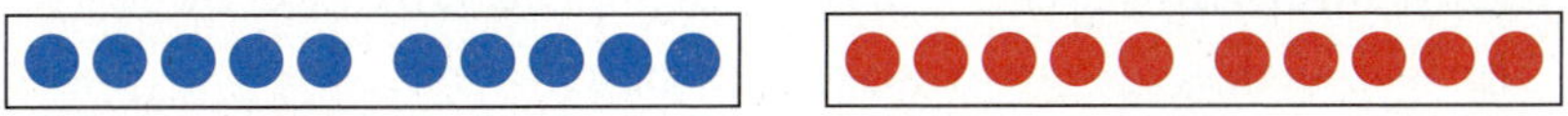

Zwanzigerfeld

Zwei Zehnerfelder untereinander.
Wenn du zwischen 10 und 20 Plättchen darauf legst, siehst du gut den Zehner und die Einer.

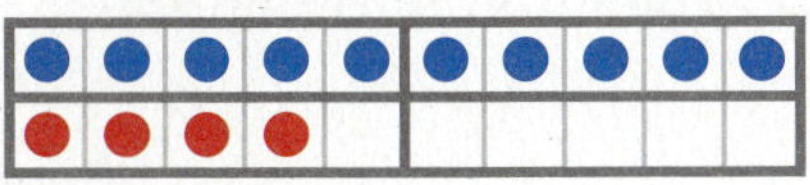

14 = 10 + 4

Bei Plusaufgaben mit Zehnerübergang siehst du gut, wie viel bis zur 10 fehlt.

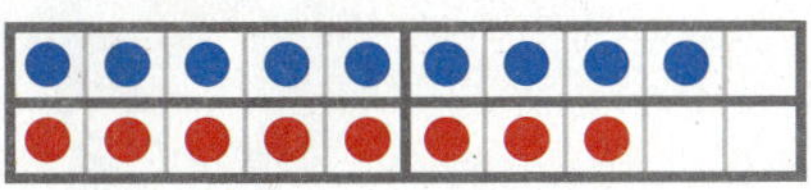

9 + 8 =

Werkzeuge

Buntstifte

Du brauchst sie, um
- Strecken oder Flächen zu färben,
- Muster fortzusetzen,
- neue Muster zu zeichnen.

Geodreieck

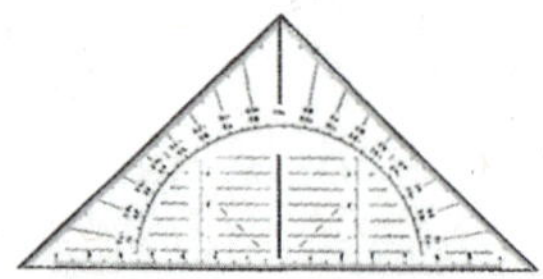

Damit kannst du wie mit dem Lineal
- Strecken abmessen,
- Strecken zeichnen.

Dabei musst du darauf achten, dass die Strecke bei „0“ in der Mitte des Geodreiecks anfängt.
Außerdem kannst du damit
- Geraden und Parallelen zeichnen,
- rechte Winkel und Senkrechte zeichnen.

Lineal

Damit kannst du gerade Linien zeichnen und Längen abmessen.
Dabei musst du beachten,
- dass die Länge bei 0 anfängt,
- dass die kleinen Striche mm sind.

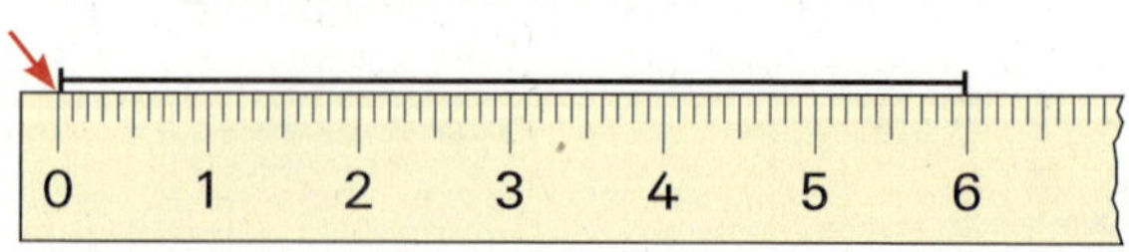

Metermaß, Meterlineal

Damit kannst du größere Strecken messen, die nicht mehr aufs Papier passen, z. B.
- Wie lang ist ein Schritt?
- Wie groß bist du?
- Wie lang ist ein Tisch?
- Wie lang ist eine Schnur?
- Wie weit springst du?

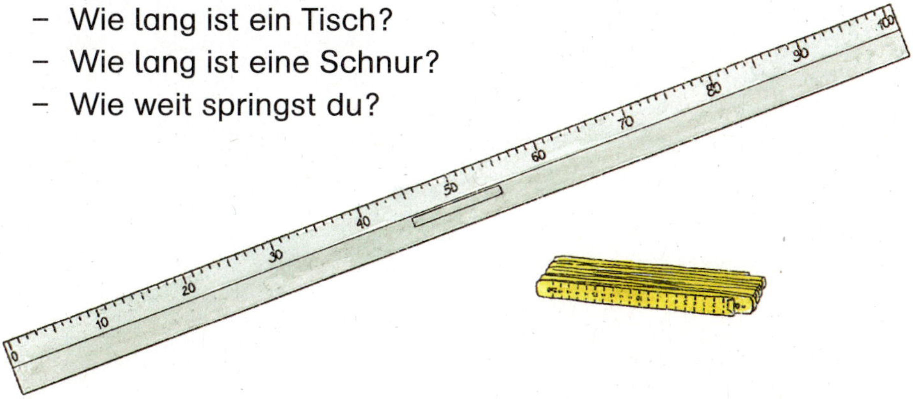

Papier

Für das Schreiben, Rechnen und Zeichnen ist kariertes Papier gut geeignet. Beim normalen karierten Papier sind die Kästchen $\frac{1}{2}$ cm lang und $\frac{1}{2}$ cm breit.
Um die Größe von Figuren zu erfassen, ist es günstiger, wenn du kariertes Papier mit Zentimeterquadraten nimmst. Auf Punktepapier, bei dem die Punkte in Dreiecken angeordnet sind, kannst du gut Schrägbilder zeichnen. Auf weißem Papier ohne Linien kannst du mit dem Geodreieck und mit dem Zirkel zeichnen.
Mit weißem oder buntem Papier kannst du auch falten, schneiden und basteln.

Schablone

Damit kannst du den Rand von Figuren umfahren.
Du kannst die Schablonen auch selber herstellen.

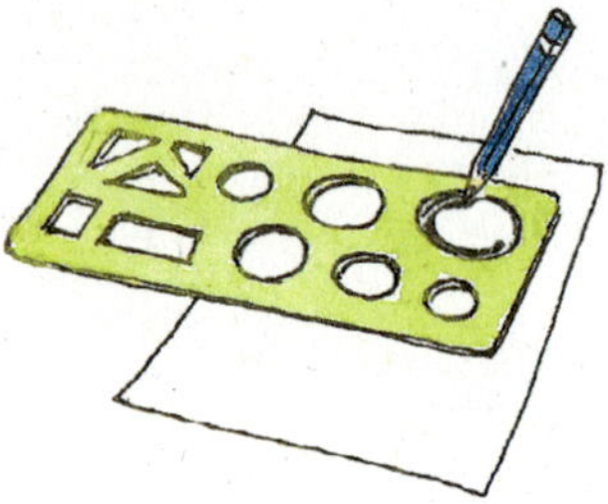

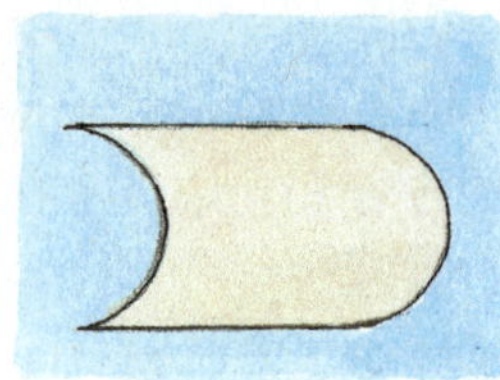

Schere

Damit kannst du
- Figuren ausschneiden,
- symmetrische Figuren herstellen,
- Schachteln aufschneiden, um Netze herzustellen.

Spiegel

Damit kannst du Figuren „verdoppeln".
Wenn du den Spiegel auf die Spiegelachse stellst, kannst du erkennen, ob Figuren symmetrisch sind.

Taschenrechner

Damit kannst du
- deine Ergebnisse kontrollieren,
- Besonderheiten bei Zahlen herausfinden,
- Spiele (allein oder mit anderen) machen.

Zirkel

Damit kannst du ganze Kreise oder Teile von Kreisen zeichnen.

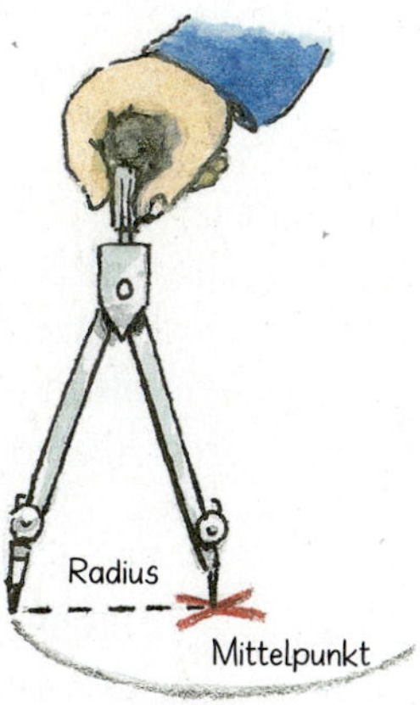

Stichwortregister

Stichwortregister

Stichwortregister